Technische Universität Dresden

Dynamische plasmaunterstützte Gasphasenabscheidung von amorphen und mikrokristallinen Silizium-Dünnschichtsolarzellen mittels linearer Höchstfrequenz-Plasmaquellen

Carsten Strobel

von der Fakultät Elektrotechnik und Informationstechnik der Technischen Universität Dresden

zur Erlangung des akademischen Grades eines

Doktoringenieurs
(Dr.-Ing.)

genehmigte Dissertation

Vorsitzender:	Prof.Dr.-Ing.habil Gerlach	
Gutachter:	Prof.Dr.rer.nat. Bartha	Tag der Einreichung: 07.05.2012
	Prof.Dr. Stiebig	Tag der Verteidigung: 04.12.2012

Bibliografische Information der Deutschen Nationalbibliothek
Die Deutsche Nationalbibliothek verzeichnet diese Publikation in der
Deutschen Nationalbibliografie; detaillierte bibliografische Daten
sind im Internet über http://dnb.d-nb.de abrufbar.

Carsten Strobel
Dynamische plasmaunterstützte Gasphasenabscheidung von amorphen und
mikrokristallinen Silizium-Dünnschichtsolarzellen mittels linearer
Höchstfrequenz-Plasmaquellen

Berlin: Pro BUSINESS 2013

ISBN 978-3-86386-964-9

1. Auflage 2013

© 2013 by Pro BUSINESS GmbH
Schwedenstraße 14, 13357 Berlin
Alle Rechte vorbehalten.
Produktion und Herstellung: Pro BUSINESS GmbH
Gedruckt auf alterungsbeständigem Papier
Printed in Germany
www.book-on-demand.de

Dynamische plasmaunterstützte Gasphasenabscheidung von amorphen und mikrokristallinen Silizium-Dünnschichtsolarzellen mittels linearer Höchstfrequenz-Plasmaquellen

Kurzfassung: Diese Arbeit beschäftigt sich mit der dynamischen Herstellung von amorphen (a-Si:H) und mikrokristallinen (µc-Si:H) Silizium-Dünnschichtsolarzellen mittels linearer Höchstfrequenz-Plasmaquellen. Die Eignung des neuartigen Herstellungsverfahrens zur Fertigung von hocheffizienten a-Si:H bzw. µc-Si:H Solarzellen wurde demonstriert. Im dynamischen Fertigungsmodus mit Substratbewegung sind vielversprechende initiale Wirkungsgrade von ca. 10,3 % für a-Si:H- und 6,5 % für µc-Si:H-Solarzellen erreicht worden. Die großflächige Uniformität der Abscheidung konnte nachgewiesen werden. Der Einfluss der Dynamik bei der Abscheidung der Siliziumschichten wurde sowohl experimentell als auch theoretisch für amorphes Silizium untersucht. Es konnte festgestellt werden, dass die Substratbewegung die Solarzelleneigenschaften bis zu Durchlaufgeschwindigkeiten von 500 mm/min nur geringfügig beeinflusst. Ein theoretisches Modell trägt zum besseren Verständnis der Mikroprozesse bei der dynamischen Solarzellenabscheidung bei. Zuletzt wurde eine Kapazitäts- und Kostenbetrachtung einer imaginären dynamischen Massenfertigung von Silizium-Dünnschichtsolarzellen durchgeführt. Daraus ging hervor, dass die betrachtete dynamische Solarzellenfertigung konkurrenzfähig zur statischen Batch-Fertigung ist. Die Fokussierung des dynamischen Fertigungsverfahrens auf die Beschichtung flexibler Substrate erscheint strategisch sinnvoll.

Abstract: This work deals with the dynamic deposition of amorphous (a-Si:H) and microcrystalline (µc-Si:H) silicon thin-film solar cells using linear very high frequency plasma sources. The ability of the new method to fabricate highly efficient a-Si:H and µc-Si:H solar cells has been demonstrated. Promising initial efficiencies of about 10,3 % for a-Si:H and 6,5 % for µc-Si:H solar cells have been achieved in the dynamic deposition mode with movement of the substrate. The uniformity of the deposition on large areas could be verified. The influence of the dynamics of deposition was investigated experimentally as well as theoretically for amorphous silicon. As was shown, the substrate movement has only a slight impact on the solar cell characteristics up to velocities of 500 mm/min. A theoretical modell allows for a better insight into micro-processes at the dynamic solar cell deposition. Finally, capacity and cost considerations of an imaginary dynamic mass production of silicon thin-film solar cells were carried out. From this follows that the considered dynamic solar cell production is competitive to static batch fabrication. A focusing of the dynamic production mode on the coating of flexible substrates seems to be reasonable strategically.

Inhaltsverzeichnis

I Abkürzungs- und Symbolverzeichnis v

1. Einleitung 1

2. Amorphes und mikrokristallines Silizium 5
   2.1. Grundlegende Materialeigenschaften 5
   2.2. p-i-n Solarzellen 8

3. Messtechnik für Einzelschichten und Solarzellen 11
   3.1. Leitfähigkeit und Aktivierungsenergie 11
   3.2. Schichtdicke, Brechungsindex und optische Bandlücke 12
   3.3. Wasserstoffgehalt und Strukturfaktor 13
   3.4. Kristalliner Volumenanteil 14
   3.5. Sekundärionen-Massenspektrometrie 15
   3.6. Solarzellencharakterisierung 16

4. Herstellung von siliziumbasierten Dünnschichtensolarzellen 19
   4.1. Plasmaunterstützte chemische Gasphasenabscheidung 20
   4.2. Einfluss der Plasma-Anregungsfrequenz 22
   4.3. Präparation von kleinflächigen Solarzellen 23
   4.4. Dynamische Schichtherstellung 24
      4.4.1. Allgemeine Funktionsweise der dynamischen Schichtabscheidung 24
      4.4.2. Aufbau der Forschungsanlage und Beschichtungsablauf 25

5. Technologieentwicklung dynamisch abgeschiedener Si-Dünnschichtsolarzellen ...29
   5.1. Amorphes Silizium 29
      5.1.1. Allgemeine Prozessverbesserungen 31
         5.1.1.1. Kontaktkonfiguration 31
         5.1.1.2. Rückkontakt 31
         5.1.1.3. Thermische Solarzellennachbehandlung 34
         5.1.1.4. Texturierter Frontseitenkontakt 36
         5.1.1.5. Substratvorbehandlung 37
      5.1.2. Einfluss der p-dotierten Schicht 40
         5.1.2.1. Untersuchung von Einzelschichten 41

    5.1.2.2. Feinoptimierung in p-i-n Solarzellen 47
  5.1.3. Einfluss der Substrattemperatur 54
  5.1.4. Einfluss der Silankonzentration 58
  5.1.5. Weitere Technologische Veränderungen 62
  5.1.6. Eigenschaften optimierter amorpher p-i-n Solarzellen 63
  5.1.7. Degradation von amorphen Siliziumsolarzellen 65
  5.1.8. Abscheiderate dynamisch hergestellter a-Si:H Solarzellen 67
  Reproduzierbarkeit der Abscheidung von a-Si:H Einzelsolarzellen 69
  5.1.9. Zusammenfassung und Ausblick 71
 5.2. Mikrokristallines Silizium 72
  5.2.1. Optimierung der p-dotierten Fensterschicht 72
  5.2.2. µc-Si:H p-i-n Einzelsolarzellen 75
  5.2.3. Zusammenfassung und Ausblick 77

6. Homogenität der Abscheidung 81
 6.1. Optimierte a-Si:H- und µc-Si:H-Absorberschichten 81
 6.2. Solarzellen 84
 6.3. Zusammenfassung 85

7. Untersuchung der Dynamik bei der Schichtabscheidung 87
 7.1. Experimentelle Ergebnisse 87
  7.1.1. Einzelschichten 87
  7.1.2. Solarzellen 90
 7.2. Modellierung der dynamischen Abscheidung 92
  7.2.1. Physikalisches Modell der a-Si:H Solarzelle 92
  7.2.2. Simulation einer dynamisch hergestellten a-Si:H p-i-n Solarzelle 96
  7.2.3. Solarzellenmodell mit fünffach untergliederter Absorberschicht 97
  7.2.4. Einordnung des Modells der dynamischen Solarzellenabscheidung 105

8. Kapazität und Kosten der dynamischen VHF-PECVD 107
 8.1. Produktionskapazität einer imaginären dynamischen Fertigungslinie 107
 8.2. Einordnung und Perspektiven der dynamischen Fertigung 112

9. Zusammenfassung und Ausblick 115

II Abbildungsverzeichnis 119

III Tabellenverzeichnis..125

IV Literaturverzeichnis..127

V Veröffentlichungen 143

VI Lebenslauf...145

VII Danksagung...147

I Abkürzungs- und Symbolverzeichnis

AM 1.5	- standardisiertes Sonnenspektrum (Zenitwinkel 48,2 °; 1000 W/m²)
a-Si:H	- amorphes hydrogenisiertes Silizium
CdTe	- Cadmiumtellurid
CIGS	- Solarzellen auf Basis Kupfer-Indium-Gallium-Schwefel bzw. Selen
c-Si	- einkristallines Silizium
DI-Wasser	- Deionisiertes Wasser
DLCP	- Kapazitätsprofilmessungen (drive-level capacitance profiling)
ESR	- Messverfahren zur Bestimmung der Defektdichte von a-Si:H (electron spin resonance)
FF	- Füllfaktor
FWHM	- Halbwertsbreite (full width at half maximum)
HPD	- Silanverarmungsmethode zur Abscheidung von µc-Si:H bei hoher Abscheiderate (high power depletion)
HWCVD	- Gasphasenabscheidung mittels einem stark beheizten Drahtelement (Hot wire chemical vapour deposition)
ITO	- Indiumzinnoxid (indium tin oxide)
MFC	- Flussregler bei der Gaseinspeisung (mass flow controller)
RCA	- ehemaliges Großunternehmen im Radiogeschäft (Radio Corporation of America)
RMS	- Effektivwert (rout mean square)
SC	- Silankonzentration (silane concentration) bei der PECVD von a-Si:H Schichten
SC1	- Standardreinigungsverfahren der Halbleiterindustrie (standard clean 1)
SIMS	- Sekundärionen Massenspektrometrie
TCO	- transparentes leitfähiges Oxid (transparent conductive oxide)
TMB	- Trimethylboran; Dotiergas zur Einstellung der p-Leitfähigkeit von a-Si:H
TOF - SIMS	- Flugzeit-Sekundärionen-Massenspektrometrie (time of flight secondary ion mass spectroscopy)
UV-VIS-NIR	- ultravioletter, sichtbarer und nahinfraroter Spektralbereich des Lichts
VarK	- Variationskoeffizient einer Zufallsvariable (normierte Standardabweichung)
VHF	- Höchstfrequenz (very high frequency 30-300 MHz)
PECVD	- plasmaunterstützte Gasphasenabscheidung (plasma-enhanced chemical vapour deposition)

$\pm\Delta d$	-	Schichtdickenabweichung auf großer Fläche
μ_n	-	Elektronenmobilität
μ_p	-	Löchermobilität
$\mu\tau$	-	Produkt aus Ladungsträgerbeweglichkeit und Lebensdauer
A^-	-	negativ geladener Akzeptorzustand
A	-	Solarzellenfläche
b	-	Pufferschicht
c_H	-	Wasserstoffgehalt der a-Si:H Schichten
D^-	-	negativ geladener Defektzustand in der Bandlücke von a-Si:H
d	-	Schichtdicke
D^+	-	positiv geladener Defektzustand in der Bandlücke von a-Si:H
D^0	-	neutraler Defektzustand in der Bandlücke von a-Si:H
d_{max}	-	maximale Schichtdicke einer Messreihe
d_{min}	-	minimale Schichtdicke einer Messreihe
D_n	-	Diffusionskonstante für Elektronen
D_p	-	Diffusionskonstante für Löcher
E	-	Bestrahlungsstärke (AM 1.5 - 1000W/m²)
e	-	eulersche Zahl
E_A	-	Aktivierungsenergie
E_c^{mob}	-	Energieniveau bei der Valenzbandkante
$E_{DB}^{+/0}$	-	Energiezustand des donatorähnlichen Defektzustandes in der Mitte der Bandlücke
$E_{DB}^{0/-}$	-	Energiezustand des akzeptorähnlichen Defektzustandes in der Mitte der Bandlücke
E_G	-	optische Bandlücke nach Tauc
E_{04}	-	optische Bandlücke, bei der der Absorptionskoeffizient den Wert 10^4 1/cm erreicht
E_G^{mob}	-	Mobilitätslücke von a-Si:H
E_v^{mob}	-	Energieniveau bei der Leitungsbandkante
f	-	Frequenz des Lichts
G_{opt}	-	optische Generationsrate bei der Solarzellensimulation
h	-	PLANCK-Konstante (plancksches Wirkungsquantum)
i	-	undotierte (intrinsische) Schicht
j	-	Parameter zur Kennzeichnung der Anzahl an Plasmadurchquerungen bei der dynamischen Schichtabscheidung
J_0	-	Sperrsättigungsstromdichte
J_{mpp}	-	zur maximalen elektrischen Leistung der Solarzelle zugehörige Stromdichte

J_n	- Elektronenstromdichte
J_p	- Löcherstromdichte
J_{sc}	- Kurzschlussstromdichte
k	- Boltzmann-Konstante
k	- Extinktionskoeffizient
n	- Brechungsindex
n	- Diodenidealitätsfaktor
n	- Elektronenkonzentration
n	- phosphordotierte Schicht
N	- Zustandsdichte a-Si:H
n_0	- statischer Brechungsindex ($\lambda \to \infty$)
N_A^-	- Konzentration ionisierter Akzeptoren
N_D^+	- Konzentration ionisierter Donatoren
n_{eq}	- Gleichgewichtselektronenkonzentration
n_t	- Konzentrationen eingefangener Elektronen
p	- bordotierte Fensterschicht von siliziumbasierten Dünnschichtsolarzellen
P	- elektrische Leistung
p	- Löcherkonzentration
$P_{AM1.5}$	- standardisierte eingestrahle Lichleistung
p_{eq}	- Gleichgewichtslöcherkonzentration
P_{mpp}	- Punkt der maximalen elektrischen Leistung der Solarzelle
p_t	- Konzentrationen eingefangener Löcher
q	- Elementarladung
$R(X)$	- Abscheiderate in Abhängigkeit der Position X im Prozessraum
R^*	- aus Infrarotabsorptionsbanden bei 2000/cm bzw. 2100/cm abgeleiteter Mikrostrukturfaktor
R_d	- dynamische Abscheiderate
R_L	- Lastwiderstand
R_{net}	- Nettorekombinationsrate
R_p	- Parallelwiderstand der Solarzelle
R_s	- Serienwiderstand der Solarzelle
R_{st}	- statische Abscheiderate
S_n	- Oberflächenrekombinationsgeschwindigkeit für Elektronen
S_p	- Oberflächenrekombinationsgeschwindigkeit für Löcher

U_{mpp} - zur maximalen elektrischen Leistung der Solarzelle zugehörige Spannung
U_{oc} - Leerlaufspannung
v - Substratgeschwindigkeit bei der dynamischen PECVD
α - Absorptionskoeffizient
ε - Permittivität
η - Wirkungsgrad der Solarzelle
η_R - Rekombinationseffizienz
κ - elektrische Leitfähigkeit
κ_0 - Leitfähigkeitsvorfaktor
κ_d - elektrische Dunkelleitfähigkeit
κ_{ph} - elektrische Photoleitfähigkeit
λ - Wellenlänge des Lichtes
ρ - Raumladungsdichte
φ_B - Schottky-Barrierenhöhe
ψ - elektrostatisches Potential
Ω - Einheit des elektrischen Widerstand (Ohm)

1. Einleitung

Die Energiewirtschaft der Gegenwart befindet sich im Wandel. Konventionelle Energieträger, wie z.B. die Atomenergie oder fossile Energieträger, sind gefährlich, umweltschädlich und teuer, wenn externe Kosten (z.B. Sanierungskosten nach Havarie, Kosten für Atommülllagerung etc.) einbezogen werden! Ihr Anteil am Energiemix wird daher mittel- bis langfristig abnehmen. Die Alternative zur Energiegewinnung steht mit den erneuerbaren Energien bereit. Der steigende Energiebedarf der Gesellschaft, das sinkende Angebot fossiler Energieträger und der Druck den Klimawandel aufzuhalten wird in Zukunft zu einer noch größeren Nachfrage nach regenerativen Energien führen. Die Photovoltaik wird dabei innerhalb der erneuerbaren Energien eine tragende Rolle übernehmen. Bereits seit drei Jahren wird nach der Windenergie das meiste Geld in Solarkraft investiert [1]. Der Markt für Photovoltaiksysteme hat sich inzwischen geändert. Noch vor ein paar Jahren konnten Produzenten von Solarmodulen aufgrund mangelnden Angebots Ihre Produkte problemlos zu hohen Preisen verkaufen. Mittlerweile bestehen weltweit große Überkapazitäten an Solarzellen und Modulen, was zu einem massiven Preisverfall geführt hat. Der weiteren Verbreitung der Solartechnik in großem Maßstab werden die gefallenen Preise zugute kommen. Fragen bezüglich der Speicherbarkeit oder dem Transport von Elektrizität über große Entfernungen sind in diesem Zusammenhang noch zu klären.

Gegenwärtig wird der Markt für photovoltaische Energieumwandlung noch von waferbasierten kristallinen Siliziumsolarzellen dominiert. Circa 85 % der weltweit produzierten Solarzellen entfallen 2010 auf diese Technologie [2]. Die Dünnschichttechnik verspricht jedoch im Vergleich zur waferbasierten Technologie starke Kosteneinsparungen. Dies liegt vor allem am geringeren Materialverbrauch bei der Dünnschichttechnik. Unter den verschiedenen Technologien der Photovoltaikbranche wird daher die Dünnschichttechnik an Bedeutung gewinnen. Eine Prognose geht für das Jahr 2015 von einem Marktanteil von 26 % aus [2].

Im Bereich der Dünnschichtphotovoltaik konkurrieren im Wesentlichen die drei Technologien CdTe, CIGS und Si miteinander. Für CIGS-Solarzellen werden im Labormaßstab die größten Wirkungsgrade erreicht (20 % [3]). In der großflächigen Produktion hingegen sind deutlich niedrigere Effizienzen Standard (ca. 12 %). Auch die Fertigungskosten sind für CIGS-Solarzellen im Vergleich zu den anderen Dünnschichttechnologien größer. Dies liegt vor allem am schwierigen Herstellungsverfahren der Vierfachverbindungen. Am meisten fortgeschritten ist der Herstellungsprozess von CdTe-Solarzellen. First Solar hat mit dieser Technologie die Kostenführerschaft in der gesamten Photovoltaikbranche übernommen

1. Einleitung

(0,75 $/Wp [4]). Mit beiden Solarzellenvarianten (CIGS, CdTe) werden jedoch Materialien verwendet, die entweder giftig (Cadmium) oder unzureichend verfügbar (Indium) sind. Bei den siliziumbasierten Solarzellen werden hingegen nur ungiftige und unbegrenzt verfügbare Verbindungen verwendet. Weitere Vorteile, wie z.B. die geringen Prozesstemperaturen (ca. 200 °C) oder die höhere Energieausbeute (geringerer Temperaturkoeffizient a-Si:H), machen die siliziumbasierte Technologie zu einem sehr aussichtsreichen Kandidaten unter den verschiedenen Varianten der Dünnschichtsolarzellen. Oerlikon Solar verkündet bereits sehr niedrige Herstellungskosten für siliziumbasierte Dünnschichtsolarzellen von ca. 0,67 $/Wp [5]. Die Wirkungsgrade haben die 10 %-Marke in der großflächigen Produktion bereits überschritten [6, 7].

Im Bereich der siliziumbasierten Dünnschichttechnologie werden sowohl amorphe als auch mikrokristalline Siliziumschichten und Solarzellen verwendet. Erste systematische Studien zu hydrogenisiertem amorphen Silizium (a-Si:H) wurden 1969 von Chittick et al. durchgeführt [8]. Zuvor konnte amorphes Silizium nur mit sehr hohen Defektdichten durch Sputtern oder thermisches Bedampfen ohne Wasserstoffeinbau abgeschieden werden. Ein Meilenstein in der Entwicklung von a-Si:H waren frühe Berichte über die Dotierbarkeit des Materials durch Zugabe von Phosphin oder Diboran (Spear und LeComber 1975 [9]). Damit war der Weg für erste Solarzellen auf Basis von amorphem Silizium geebnet. Erste a-Si:H p-i-n Solarzellen mit einem Wirkungsgrad von 2,4 % wurden 1976 von Carlson und Wronski hergestellt [10].

Über die Herstellung von mikrokristallinem Silizium (µc-Si:H) wurde erstmals 1968 von Veprek und Mareček berichtet [11]. Es dauerte aber noch gute 20 Jahre bis erste µc-Si:H p-i-n Solarzellen hergestellt wurden [12]. Ein Problem welches bestehen blieb, war die Meinung, dass intrinsisches mikrokristallines Silizium aufgrund einer sehr hohen Defektdichte und seinem nativen n-Charakter für Solarzellenanwendungen unbrauchbar ist. Erst die Mikrodotierung mit Bor zur Kompensation des n-Charakters der Schichten brachte entscheidende Fortschritte. Die Forschungsgruppe um Arvind Shah an der Universität Neuchâtel in der Schweiz griff diese Idee auf und leistete Vorreiterarbeit bei der Entwicklung von intrinsischem µc-Si:H für Solarzellenanwendungen. Erste rein mikrokristalline Siliziumsolarzellen mit einem Wirkungsgrad von 4,6 % [13] waren 1994 der Startschuss für die intensive weltweite Forschung an diesem Material.

Um die Kosten für die Herstellung von amorphen und mikrokristallinen Siliziumsolarzellen weiter zu senken, sind neue, hochproduktive Herstellungsverfahren nötig. An dieser Stelle setzt die vorliegende Arbeit an. Es wird ein neuartiges, hochproduktives und aufskalierbares Fertigungskonzept zur Herstellung von Siliziumdünnschichtsolarzellen entwickelt. Stand der

Technik in der großflächigen Produktion der Siliziumschichten sind zumeist RF-PECVD-Verfahren [14, 15]. Die Abscheiderate der Siliziumschichten bestimmt die Produktivität des Verfahrens und ist bei dieser Herstellungsvariante eher gering. Ein Ansatz die Abscheiderate zu steigern, ist die Verwendung von hohen Leistungen in Kombination mit hohen Prozessdrücken [16, 17]. Ein anderer Ansatz ist die Verwendung von größeren Anregungsfrequenzen bei der PECVD von a-Si:H/µc-Si:H [18, 19]. Der zweite Ansatz wird in dieser Arbeit verfolgt. Es wird eine im Vergleich zur Standardfrequenz von 13,56 MHz erhöhte Frequenz von 81,36 MHz verwendet. Bei dieser Verfahrensvariante kommt es allerdings bei der großflächigen Abscheidung zu Homogenisierungsschwierigkeiten. Kommt die Viertelwellenlänge der Anregungsfrequenz in den Bereich der Elektrodenabmessungen (0,92 m bei 81,36 MHz), so können sich Stehwellen auf der Elektrodenfläche ausbilden. In der Folge wird eine homogene Abscheidung auf großer Fläche erschwert. Aus diesem Grund wird in dieser Arbeit eine völlig neue Lösungsvariante zur großflächigen Substratbeschichtung verwendet. Beim PECVD-Prozess werden neuartige lineare VHF-Plasmaquellen verwendet. Diese bieten den Vorteil, dass die eingekoppelte Leistung nur noch in einer Dimension homogenisiert werden muss. Dies ist in der Regel durch entsprechende HF-technische Maßnahmen (z.B. Mehrfacheinspeisung der VHF-Leistung [20]) möglich. Die Verkleinerung der Elektrodenabmessungen zu einer linearen Plasmaquelle erfordert jedoch eine Relativbewegung des Substrates gegen die Elektrode. Es wird daher von einer dynamischen Abscheidung gesprochen. Dies ist das deutlichste Unterscheidungsmerkmal zu den Standard-PECVD-Verfahren ohne Substratbewegung. Die dynamische Fertigung von Silizium-Dünnschichtsolarzellen mittels linearer VHF-Plasmaquellen verspricht eine gesteigerte Produktivität und reduzierte Fertigungskosten im Vergleich zu statischen PECVD-Verfahren. Das dynamische Verfahren ist damit prädestiniert für die Massenfertigung von Siliziumdünnschichtsolarzellen. Des Weiteren eignet sich dieses Verfahren ideal zur Beschichtung flexibler Substrate im Rolle-zu-Rolle-Verfahren.

Ein wesentliches Ziel dieser Arbeit war die Entwicklung eines dynamischen Abscheidungsprozesses zur Fertigung von a-Si:H bzw. µc-Si:H p-i-n Solarzellen. Um die Eignung des neuen Verfahrens zur dynamischen Solarzellenfertigung nachzuweisen, sollten möglichst hohe Wirkungsgrade für a-Si:H bzw. µc-Si:H Solarzellen erreicht werden. In Kapitel 5 dieser Arbeit wird die Technologieentwicklung zur dynamischen Fertigung von amorphen und mikrokristallinen Hocheffizienzsolarzellen ausführlich beschrieben. Die Optimierung der Solarzellentechnologie ist ein wesentlicher Bestandteil dieser Arbeit und demonstriert das neuartige Herstellungskonzept für Dünnschichtsolarzellen.

1. Einleitung

Eine wichtige Voraussetzung eines großflächigen Beschichtungsprozesses ist die gute Homogenität der Abscheidung. Die Uniformität der Abscheidung muss bei dem hier verwendeten Herstellungsverfahren nur in einer Dimension gewährleistet werden. Die Untersuchung der Homogenität des Beschichtungsprozesses wird in Kapitel 6 beschrieben.

Eine weitere Besonderheit des hier verwendeten Herstellungsverfahrens ist die Substratbewegung beim PECVD-Prozess. Obwohl bereits einige dynamische Fertigungsverfahren in der Praxis Anwendung finden [21 - 23], ist der Einfluss der Dynamik auf das Schichtwachstum bisher kaum untersucht. Der Frage, ob die Dynamik bei der Beschichtung einen Einfluss auf Schicht- und Solarzelleneigenschaften hat, wird in Abschnitt 7 sowohl experimentell als auch theoretisch nachgegangen.

Zuletzt wird in Kapitel 8 eine Abschätzung der Produktivität der dynamischen Fertigung im Vergleich zur statischen Batch-Fertigung von siliziumbasierten Dünnschichtsolarzellen durchgeführt. Der Schwerpunkt liegt dabei auf der Berechnung der Kapazität (MWp/ a) einer imaginären dynamischen Fertigungslinie zur Massenproduktion von siliziumbasierten Dünnschichtsolarzellen. Diese wird in Relation zur Kapazität einer in der Praxis angewendeten Batch-Massenfertigung (Oerlikon Solar) gesetzt. Anhand des materiellen Aufwandes beider Varianten zur Erreichung der Kapazität kann eine Aussage zur Wirtschaftlichkeit der unterschiedlichen Verfahren getroffen werden.

Zu Beginn der Arbeit werden kurz einige Grundlagen zu den hier abgeschiedenen amorphen und mikrokristallinen Siliziumschichten und Solarzellen vorangestellt (vgl. Kapitel 2). Anschließend werden die in dieser Arbeit verwendeten Charakterisierungsverfahren in Kapitel 3 beschrieben.

2. Amorphes und mikrokristallines Silizium

In dieser Arbeit wurden amorphe und mikrokristalline Siliziumschichten für Solarzellenanwendungen mit einem dynamischen Depositionsverfahren hergestellt. Zum besseren Verständnis werden an dieser Stelle einführend einige Grundlagen zu beiden Materialien erläutert. Ein Standardwerk, in dem hydrogenisiertes amorphes Silizium ausführlich in seinen Eigenschaften beschrieben wird, ist das Lehrbuch von Street [24]. Mikrokristallines Silizium wird in vielen seiner Eigenheiten z.B. im Lehrbuch von Schropp und Zeman behandelt [25].

In diesem Abschnitt wird kurz auf die wichtigsten Besonderheiten von amorphen und mikrokristallinen Siliziumschichten für die Anwendung in Solarzellen eingegangen. In Kapitel 2.1 werden grundlegende Materialeigenschaften wie z.B. das Absorptionsverhalten von a-Si:H und µc-Si:H Einzelschichten behandelt. Anschließend wird in Kapitel 2.2 der Aufbau und die Funktionsweise von p-i-n Solarzellen erläutert.

2.1. Grundlegende Materialeigenschaften

Bei Silizium handelt es sich um ein Element der vierten Hauptgruppe des Periodensystems mit vier Außenelektronen. Im Kristallgefüge bildet Silizium mit vier benachbarten Atomen gemeinsame Elektronenpaare aus, die für einen starken Zusammenhalt des Gitters sorgen. Kristallines Silizium besitzt über viele Atome hinweg eine geordnete Gitterstruktur. Man spricht daher von einer vorhandenen Fernordnung. In amorphem Silizium ist hingegen keine Fernordnung vorhanden. Hier schwanken die Bindungswinkel und die Bindungslängen von Atom zu Atom. Über mehrere Atome hinweg ist die Struktur im Kristallgitter ungeordnet. Eine Nahordnung ist jedoch auch in amorphem Silizium vorhanden. **Abbildung 2.1** stellt die atomare Struktur beider Materialien schematisch gegenüber.

Amorphes Silizium wurde erst durch die Zugabe von Wasserstoff bei der Herstellung für elektronische Anwendungen interessant (a-Si:H). Der Wasserstoff sättigt offene Bindungsarme (Dangling-Bonds) von Siliziumatomen ab. Dadurch kann die Dichte tiefer Störstellen in der Bandlücke bis auf 10^{15} cm^{-3} reduziert werden [26, 27]. In der Folge steigt die Lebensdauer von thermisch oder optisch generierten Ladungsträgern und die Rekombinationsrate sinkt.

Durch die strukturelle Unordnung in amorphem Material kommt es zu einer Veränderung der Bandstruktur. Ein scharfer Übergang zwischen Leitungs- bzw. Valenzband und Bandlücke wie in kristallinen Halbleitern ist nicht gegeben. Die schwankenden Bindungslängen bzw. Bindungswinkel führen vielmehr zu einem allmählichen Übergang. Anstelle von Bandkanten

2. Amorphes und mikrokristallines Silizium

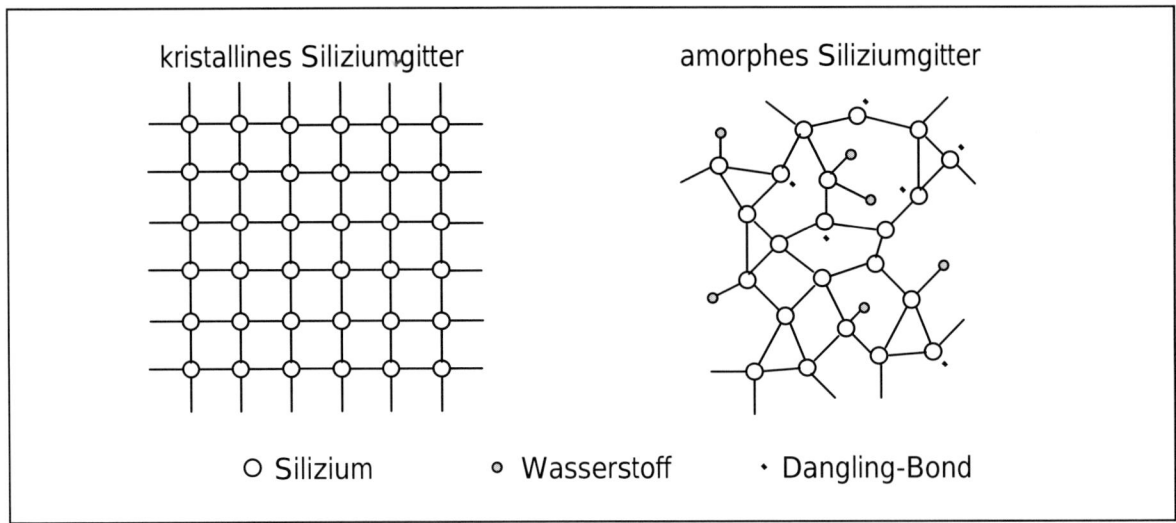

Abbildung 2.1: Vereinfachtes ebenes Schema der Gitterstruktur von kristallinem Silizium (links) im Vergleich zu hydrogenisiertem amorphen Silizium (rechts)

spricht man daher von Bandausläufern, deren Zustandsdichte exponentiell zur Mitte der Bandlücke abnimmt. Dieser exponentiell verlaufende Bereich der Bandausläufer wird z.B. durch die Urbachenergie charakterisiert [28]. Zudem kommen durch die unabgesättigten Bindungen zahlreiche erlaubte Energiezustände in der Mitte der Bandlücke hinzu. **Abbildung 2.2** zeigt die Zustandsdichteverteilung von a-Si:H. Die tiefen Störstellen in der Mitte der Bandlücke sind amphotere Zustände und können drei verschiedene Ladungszustände annehmen (D^+ - unbesetzt, D^0 - einfach besetzt, D^- - zweifach besetzt). Solche Zustände werden im Standardmodell durch zwei gaußverteilte Defektzustände ($D^{+/0}$ - donatorähnlicher Zustand, $D^{0/-}$ - akzeptorähnlicher Zustand) approximiert. Des Weiteren spricht man bei a-Si:H im Unterschied zur Bandlücke bei kristallinem Silizium von einer Beweglichkeitslücke (E_G^{mob}). Elektronen, die sich in lokalen Zuständen in Leitungsbandnähe befinden, sind unbeweglich und können nur durch thermische Aktivierung ins Leitungsband gelangen. In den räumlich ausgedehnten Zuständen haben die Elektronen hingegen genug Energie, um sich über längere Strecken hinweg zu bewegen. Auch wenn der Begriff der Beweglichkeitslücke die Verhältnisse für a-Si:H besser beschreibt, verwenden dennoch viele Autoren den Begriff der Bandlücke.

Die effektive Beweglichkeit der Ladungsträger in amorphem Silizium ist deutlich geringer als in kristallinem Silizium. Die Ursache dafür ist, dass Elektronen aus dem Leitungsband in lokalisierte Zustände fallen können. Dort werden sie je nach dem energetischen Abstand zum Leitungsband mehr oder weniger lange festgehalten. Je nach Anzahl und Tiefe dieser Haftstellen (Traps) wird der Ladungstransport mehr oder weniger stark verzögert.

2.1 Grundlegende Materialeigenschaften

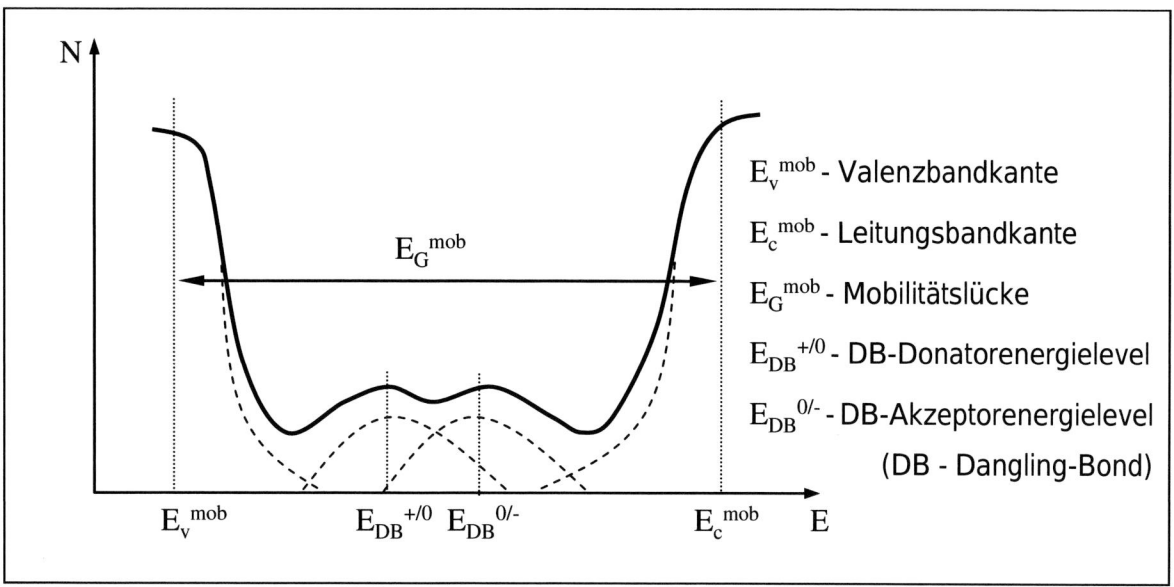

Abbildung 2.2: Standardmodell der Zustandsdichteverteilung mit zwei Gaußverteilungen für die amphoteren Dangling-Bond-Zustände in der Mitte der Mobilitätslücke (E_G^{mob}) von a-Si:H

Mikrokristallines Silizium ist ein Zweiphasensystem mit amorphen Anteilen und eingebetteten kristallinen Körnern im Nano- bzw. Mikrometerbereich. Auch mikrokristallines Silizium wird mit Wasserstoff passiviert (µc-Si:H), um Defekte in den amorphen Bereichen und an Korngrenzen abzusättigen. Zur Herstellung von mikrokristallinen Siliziumschichten muss das Prozessgas Silan sehr stark mit Wasserstoff verdünnt werden. Verschiedene Modelle (Oberflächendiffusionsmodell [29], Ätzmodell [30], Modell der chemischen Ausheilung [31]) zur Erklärung des mikrokristallinen Wachstums werden in der Literatur diskutiert. Je nach den Abscheidebedingungen variiert das Gefüge von hochkristallin bis zu überwiegend amorpher Struktur. Beim Schichtwachstum von µc-Si:H auf Glassubstraten bildet sich in der Nukleationsphase zunächst eine sehr dünne amorphe Schicht aus, deren Dicke vor allem von der Wasserstoffverdünnung beim PECVD-Prozess abhängt. Im Anschluss keimen erste Kristallkörner nahe der Substratoberfläche. Der Durchmesser der kristallinen Bereiche steigt mit zunehmender Wachstumsdauer der Schicht. Ab einer bestimmten Wachstumsphase treffen die einzelnen kristallinen Bereiche aufeinander. Anschließend wächst die mikrokristalline Schicht kolumnar weiter.

Für die Funktion einer Solarzelle sind in hohem Maße die optischen Eigenschaften des Materials von Bedeutung. Mikrokristallines Silizium ist in vielen seiner Eigenschaften mit einkristallinem Silizium (c-Si) vergleichbar. Dies betrifft vor allem den geringen Bandabstand von ca. 1,1 eV und den Absorptionskoeffizienten α. Amorphes Silizium hat dagegen eine deutlich größere Bandlücke (1,8 eV) und zeigt ein anderes Absorptionsverhalten. Die unterschiedlichen Bandabstände beider Materialien sind einer der wesentlichen Faktoren, warum beide Materialien in "mikromorphen" Tandemsolarzellen [32] verwendet werden. So kann in mikrokristallinem Silizium zusätzlich der Spektralbereich zwischen 1,1 - 1,8 eV absorbiert werden, für den amorphes Silizium transparent ist.

Amorphes Silizium absorbiert das Licht oberhalb seiner Bandlücke deutlich stärker als mikrokristallines Silizium. Das unterschiedliche Absorptionsverhalten kann mit Hilfe der Unterscheidung in direkte und indirekte Halbleiter erklärt werden. Mikrokristallines Silizium ist ein indirekter Halbleiter, d.h. die Anregung eines Elektrons vom Valenzband ins Leitungsband ist nur mit Unterstützung eines Phonons möglich. Die Ursache dafür ist, dass sich das energetische Valenzbandmaximum und das Leitungsbandminimum nicht am selben Punkt im Impulsraum befinden. Amorphes Silizium ist hingegen ein „quasidirekter" Halbleiter. Das bedeutet, dass für den Absorptionsprozess nur ein Elektron und ein Photon am selben Ort nötig sind. Da ein Drei-Teilchen-Prozess weniger wahrscheinlich ist als ein Zwei-Teilchen-Prozess, absorbiert ein indirekter Halbleiter (μc-Si:H) bei gleicher Dicke weniger Licht als ein direkter Halbleiter (a-Si:H). In der Solarzellenstruktur reicht für amorphes Silizium aufgrund seiner größeren Absorption eine geringere Absorberschichtdicke (ca. 300 nm für a-Si:H vs. 1000 nm für μc-Si:H) aus.

Eine ungewünschte Eigenschaft von amorphem Silizium ist die lichtinduzierte Degradation (Staebler-Wronski-Effekt [33]). Durch Lichteinfall entstehen zusätzliche tiefe Störstellen, die die elektronischen Eigenschaften des Materials verschlechtern. Der Staebler-Wronski-Effekt kann durch nachträgliche Temperaturbehandlung der Schichten rückgängig gemacht werden. Für Solarzellen ist der Degradationseffekt besonders nachteilig, da der Wirkungsgrad nach anfänglicher Beleuchtung auf ca. 70 - 85 % (je nach Abscheidungsbedingungen) seines initialen Wertes sinkt [34]. Einzelheiten zur lichtinduzierten Alterung von a-Si:H p-i-n Solarzellen werden in Kapitel 5.1.7 behandelt. Für qualitativ hochwertige μc-Si:H Solarzellen wird dagegen keine Degradation der Solarzelleneigenschaften durch Beleuchtung beobachtet [32]. Allerdings kann es zur Verschlechterung der μc-Si:H Schichteigenschaften selbst im Dunkeln nach mehrwöchiger Lagerung der Schichten an Luft kommen [35]. Die Ursache dafür ist ein nachträglicher Sauerstoffeinbau entlang der Korngrenzen des zumeist porösen Materials. Dieser Effekt tritt jedoch bei Solarzellen nicht auf, da diese durch die nachfolgende TCO- und Metallrückkontaktbeschichtung ausreichend passiviert sind.

2.2. p-i-n Solarzellen

Im Gegensatz zu kristallinem Silizium ist die Diffusionslänge der Ladungsträger in amorphem und mikrokristallinem Silizium aufgrund der erhöhten Defektdichte deutlich geringer. Eine a-Si:H Solarzelle, die wie eine kristalline Solarzelle nur aus einem p- bzw. n-dotierten Gebiet

2.2 p-i-n Solarzellen

besteht, wäre zum scheitern verurteilt, da nahezu alle optisch generierten Ladungsträger vor ihrer Separation rekombinieren würden. Daher wird für a-Si:H bzw. µc-Si:H Solarzellen ein alternativer Zellaufbau gewählt. Eine intrinsische Schicht mit deutlich reduzierter Defektdichte wird zwischen eine p- bzw. n-Schicht eingebettet. Dennoch ist die Defektdichte in der i-Schicht immer noch so groß, dass der Ladungsträgertransport im Wesentlichen durch Drift im elektrischen Feld erfolgt. Die Driftlänge der Ladungsträger in der i-Schicht sollte dabei größer sein als die i-Schichtdicke. Für a-Si:H Solarzellen gilt es generell, ein Optimum für die i-Schichtdicke zu finden. Einerseits erhöht sich die Stromausbeute in der Solarzelle mit steigender i-Schichtdicke aufgrund der zunehmenden Absorption. Dies gilt jedoch nur bis zu einer Obergrenze (ca. 1 µm [36]) bei der die i-Schichtdicke noch kleiner als die Driftlänge ist. Andererseits steigt die lichtinduzierte Alterung mit zunehmender i-Schichtdicke. Das Optimum liegt in der Praxis bei ca. 300 nm für die intrinsische a-Si:H Schicht in der p-i-n Zelle [37].

Für mikrokristalline Silizium p-i-n Solarzellen ist die Situation etwas verändert. Zum Driftstromanteil kommt hier zusätzlich ein Diffusionsstromanteil über die kristallinen Bereiche hinzu. Außerdem gibt es keinen lichtinduzierten Alterungseffekt wie beim amorphen Silizium. Die i-Schicht kann daher auch dicker als 300 nm abgeschieden werden. Aufgrund des geringeren Absorptionskoeffizienten von µc-Si:H ist dies auch notwendig. Die i-Schichtdicke für mikrokristalline p-i-n Solarzellen beträgt in der Regel ca. 1 µm und ist damit mehr als dreimal so groß wie die typische i-Schichtdicke ihres amorphen Gegenstücks.

In **Abbildung 2.3** ist der typische Aufbau von p-i-n Einzelsolarzellen (links) und von p-i-n-p-i-n Tandemsolarzellen (rechts) dargestellt. Die p-i-n Siliziumschichten von Einzelsolarzellen werden auf einem TCO-beschichteten Glassubstrat abgeschieden und auf der Rückseite mit einem TCO-Metallkontakt versehen. Die TCO-/Metallkontaktschichten haben eine deutlich größere Leitfähigkeit als die dotierten Siliziumschichten und dienen daher einerseits zur effizienteren Stromsammlung. Andererseits kommen den Kontaktschichten optische Funktionen zu. Auf Einzelheiten zu diesem Thema wird in Kapitel 5.1 eingegangen. Die Beleuchtung der Solarzellen erfolgt durch das p-seitige Glassubstrat. Hack et al. zeigten, dass die Beleuchtung der Solarzelle durch die p-Schicht günstiger ist [36]. Der Grund dafür ist die aufgrund des breiteren Valenzbandausläufers geringere Ladungsträgermobilität der Löcher in a-Si:H. Da in der Solarzelle die meisten Ladungsträger auf der lichtzugewandten Seite generiert werden, muss die Großzahl der unbeweglicheren Löcher eine geringere Wegstrecke zum p-Kontakt zurücklegen, als wenn die Beleuchtung über die n-Seite erfolgen würde.

2. Amorphes und mikrokristallines Silizium

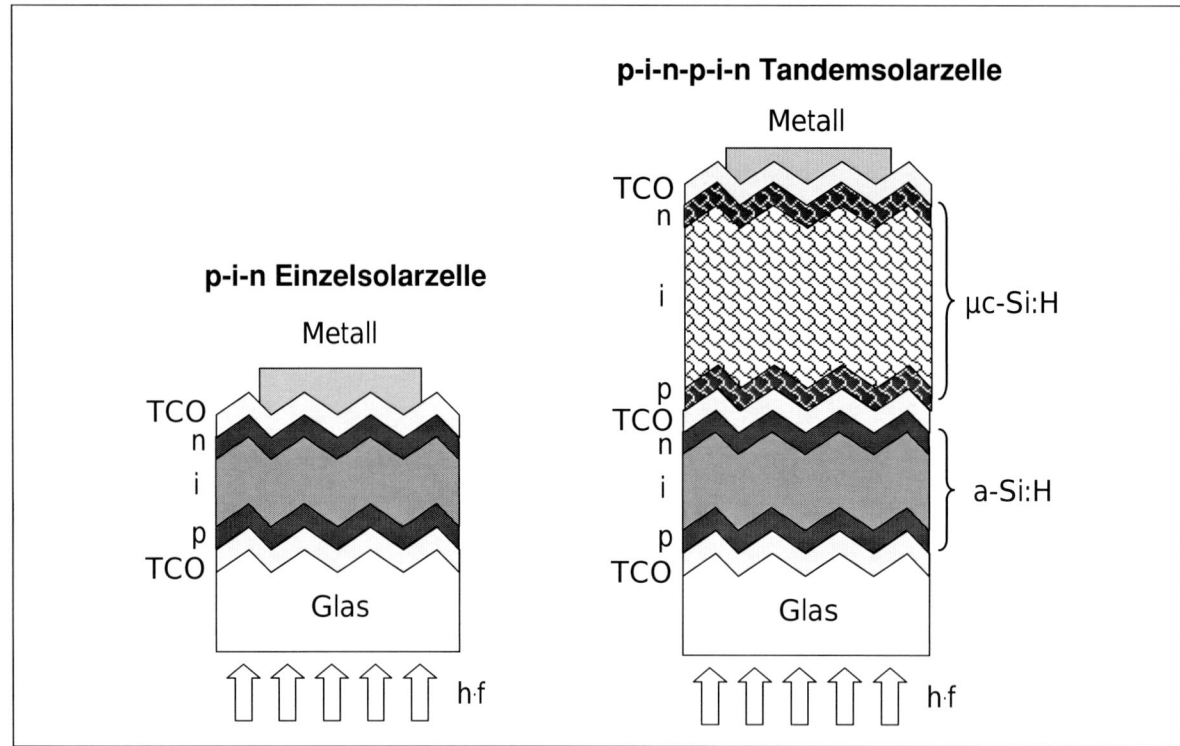

Abbildung 2.3: Aufbau von siliziumbasierten p-i-n Einzelsolarzellen (links) und p-i-n-p-i-n Tandemsolarzellen (rechts)

In "mikromorphen" Tandemsolarzellen [32] (vgl. **Abbildung 2.3** - rechts) wird zusätzlich zur amorphen Topzelle eine mikrokristalline p-i-n Bottomzelle verwendet. Dadurch kann aufgrund der unterschiedlichen Bandlücken der beiden Halbleitermaterialien ein breiterer Teil des Sonnenspektrums genutzt werden. Durch die Kombination beider Materialien in Tandemzellen lässt sich ein deutlich größerer stabiler Wirkungsgrad erreichen als mit einer amorphen oder mikrokristallinen Einzelsolarzelle. Stabile Effizienzen bis zu ca. 12 % sind im Labormaßstab für Tandemsolarzellen gegenwärtig erreicht [38, 39]. Eine interessante Möglichkeit zur Verringerung der lichtinduzierten Alterung der Tandemzellen ergibt sich durch Verwendung einer TCO-Schicht zwischen amorpher Topzelle und mikrokristalliner Bottomzelle [40]. Dadurch wird ein Teil des Lichts in die amorphe Teilzelle zurückreflektiert. Diese kann dadurch dünner abgeschieden werden, wodurch die Alterung der Gesamtzelle sinkt.

3. Messtechnik für Einzelschichten und Solarzellen

In diesem Kapitel werden die Charakterisierungsverfahren für die in dieser Arbeit hergestellten Siliziumschichten und Solarzellen vorgestellt. Zunächst werden die Messmethoden zur Ermittlung der Eigenschaften von a-Si:H und µc-Si:H Einzelschichten behandelt (vgl. Abschnitt 3.1 - 3.5). Da ein Großteil der Optimierungsarbeiten direkt im Bauteil Solarzelle durchgeführt wurde, ist die präzise Charakterisierung von p-i-n Solarzellen besonders wichtig. Fragestellungen in diesem Zusammenhang werden in Kapitel 3.6 erläutert.

3.1. Leitfähigkeit und Aktivierungsenergie

Die Leitfähigkeit von amorphen und mikrokristallinen Siliziumschichten ist ein guter Indikator für die Schichtqualität. Typischerweise wird die Leitfähigkeit lateral, mit einer Messstruktur wie in **Abbildung 3.1** dargestellt, gemessen. Zwei koplanare Aluminiumkontakte werden auf eine a-Si:H- bzw. µc-Si:H-Schicht thermisch aufgedampft. Als Substrat wird Barium-Borosilicatglas der Sorte Corning 7059 mit einem hohen spezifischen Widerstand und einem geringen Alkaligehalt (< 0,3 %) verwendet. Um den Stromfluss aus dem Randbereich der Probe vernachlässigen zu können, wird das Geometrieverhältnis b/l = 10 gewählt. Die Schichtdicken betragen typischerweise ca. 0,5 - 1 µm. Kontakt- und Zuleitungswiderstände können aufgrund der sehr hohen a-Si:H Schichtwiderstände vernachlässigt werden. Nach Gleichung 3.1 lässt sich die Leitfähigkeit durch Messung des Stroms I bei einer konstant angelegten Spannung U (hier: 30 V) berechnen:

Gleichung 3.1: $$\kappa = \frac{l \cdot I}{b \cdot d \cdot U}$$

Die Messung des Stroms erfolgt im Dunkeln unter Vakuumbedingungen (1E-02 mbar) mit einem Elektrometer (Range 20 pA - 20 mA - Keithley 6517A). Die Photoleitfähigkeit kann mit derselben Messstruktur wie in **Abbildung 3.1** mit zusätzlicher AM1.5-Beleuchtung gemessen werden. Sie stellt ein indirektes Maß für die Defektdichte der Schichten dar, da die meisten optisch angeregten Ladungsträger über Zustände in der Mitte der Bandlücke rekombinieren. Allerdings muss berücksichtigt werden, dass die Photoleitfähigkeit von der Aktivierungsenergie des Materials abhängt [41]. Eine große Photoleitfähigkeit muss also nicht unbedingt auf eine geringe Defektdichte hinweisen, sondern kann z.B. auch durch eine kleine Hintergrunddotierung durch Sauerstoff hervorgerufen werden. Genauso ist auch eine niedrige Dunkelleitfähigkeit alleine noch kein Hinweis darauf, dass qualitativ hochwertiges Material vorliegt (ohne Verunreinigungen). Die niedrige Dunkelleitfähigkeit könnte beispielsweise auch Folge einer größeren Bandlücke des Materials oder einer großen Defektdichte

3. Messtechnik für Einzelschichten und Solarzellen

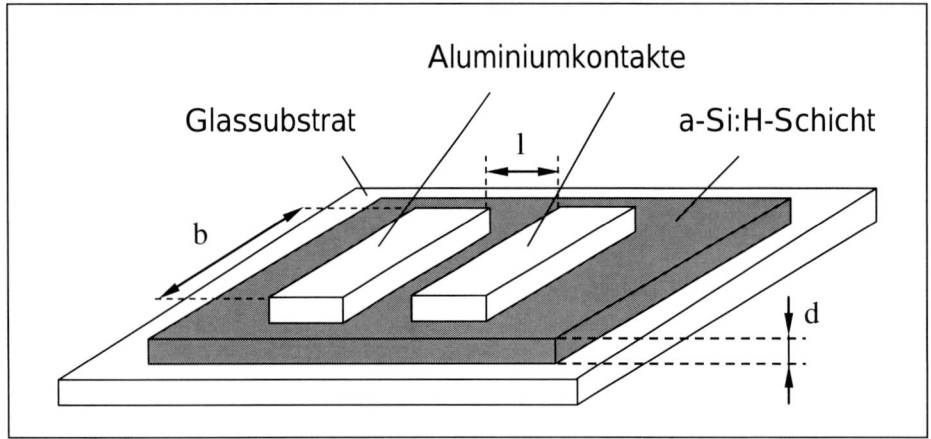

Abbildung 3.1: Messstruktur zur Ermittlung der Leitfähigkeit von amorphen und mikrokristallinen Siliziumschichten.

sein. Beide Kenngrößen (Dunkel- bzw. Photoleitfähigkeit) sollten daher immer in Kombination betrachtet werden. Eine Photoverstärkung (κ_{ph}/κ_D) größer als 1E+05 (1E+02) ist für qualitativ hochwertiges a-Si:H (µc-Si:H) anzustreben [25].

Eine weitere wichtige Kenngröße ist die Aktivierungsenergie der Dunkelleitfähigkeit von a-Si:H bzw. µc-Si:H Schichten. Diese gibt Aufschluss über die Lage des Ferminiveaus relativ zu den Bandkanten. Bei Verschiebungen des Ferminiveaus zu den Bandkanten können Verunreinigungen wie z.B. Sauerstoff oder Stickstoff im Material vorhanden sein, die die Driftlänge der Minoritätsladungsträger in der Solarzelle senken.

Die Dunkelleitfähigkeit steigt exponentiell mit der Temperatur. Durch einen Fit an die temperaturabhängig, im Bereich von 80 - 150 °C gemessenen Leitfähigkeitswerte kann die Aktivierungsenergie der Dunkelleitfähigkeit (E_A) aus der Beziehung [24]:

Gleichung 3.2: $$\kappa(T) = \kappa_0 \exp\left(-\frac{E_A}{kT}\right)$$

abgeleitet werden. Dabei ist κ_0 ein Leitfähigkeitsvorfaktor, k die Boltzmann-Konstante und T die Temperatur.

3.2. Schichtdicke, Brechungsindex und optische Bandlücke

Die Schichtdicke der abgeschiedenen Siliziumschichten ist vor allem zur Bestimmung der Abscheiderate notwendig. In der vorliegenden Arbeit wird die Schichtdicke aus Transmissionsmessungen im UV-VIS-NIR-Bereich nach einem Verfahren nach Swanepoel [42] extrahiert. Im Bereich der schwachen Absorption kommt es im Transmissionsspektrum zu Interferenzmustern, aus denen neben der Schichtdicke auch Information über den Brechungsindex des Materials abgeleitet werden kann. Ist der Brechungsindex $n(\lambda)$ bekannt, kann auch der wellenlängenabhängige Absorptionskoeffizient $\alpha(\lambda)$ berechnet werden.

Die optische Bandlücke kann auf zwei Arten aus dem Absorptionskoeffizienten ermittelt werden. In der ersten Variante wird die Bandlücke als der Energiewert definiert, bei dem der Absorptionskoeffizient $\alpha(\lambda)$ den Wert 10^4 cm^{-1} erreicht (E_{04}-Gap). Im zweiten Verfahren nach Tauc [43] gilt für den Absorptionskoeffizienten:

Gleichung 3.3: $$\alpha(hf) = konst. \cdot \frac{(hf - E_G)^2}{hf}$$

wobei E_G das sogenannte Tauc-Gap darstellt. Man erhält es, indem man $\sqrt{\alpha(hf) \cdot hf}$ über der Photonenenergie hf aufträgt und den linearen Teil des Spektrums anpasst. Der Schnittpunkt der Fit-Geraden mit der Abszisse ist das Tauc-Gap.

Die Transmissionsmessungen erfolgten an einem Spektrometer "SHIMADZU 3102" im Wellenlängenbereich 200-2500 nm. Ausgewertet wurden die Spektren mit einem an der TU-Dresden entwickelten Computerprogramm (GAP2001).

3.3. Wasserstoffgehalt und Strukturfaktor

Ein wichtiges Qualitätskriterium für Siliziumdünnschichten ist der Wasserstoffgehalt und der Mikrostrukturfaktor. Beide Kenngrößen können für a-Si:H- und µc-Si:H-Schichten mittels Transmissionsmessungen im Wellenlängenbereich von 4 µm - 25 µm ermittelt werden. Die Transmission im Infrarotbereich wurde in der vorliegenden Arbeit mit einem PERKIN-ELMER Spektrometer gemessen. Kristallines Silizium diente dabei als Substrat, da es im Wellenlängenmessbereich nahezu transparent ist. Die Transmissionswerte (T) sind durch folgende Beziehung mit dem Absorptionskoeffizienten (α) verknüpft [44]:

Gleichung 3.4: $$T = \frac{4 T_0^2 e^{-\alpha d}}{(1+T_0)^2 - (1-T_0)^2 e^{-2\alpha d}}$$

T_0 ist dabei die Basislinien-Transmission mit $\alpha = 0$ und d die Schichtdicke der gemessenen a-Si:H Schicht. Die Ermittlung von T_0 erfolgt hier mit dem Programm OriginPro 8.5G durch Interpolation der absorptionsfreien Spektralbereiche. Der nach Auflösung von Gleichung 3.4

ermittelte Absorptionskoeffizient wird jedoch für Schichtdicken kleiner als 1 µm überschätzt [45]. Die hier verwendeten Schichtdicken betrugen aufgrund der besseren Schichthaftung weitgehend nur ca. 0,5 µm. Daher wurde ein Korrekturfaktor nach Maley verwendet, der die kohärente Reflektion in der Schicht berücksichtigt [45]. Aus dem Absorptionskoeffizienten kann dann mit Gleichung 3.5 die Wasserstoffkonzentration ermittelt werden.

Gleichung 3.5: $$N_H(cm^{-3}) = A \cdot \int_{w1}^{w2} \frac{\alpha(\omega)}{\omega} d\omega$$

Der Proportionalitätsfaktor A verknüpft in dieser Beziehung die aus der IR-Bande berechnete H_2-Konzentration mit Referenzmessungen der Wasserstoffkonzentration (z.B. NMR). Nach Langford et al. beträgt die Proportionalitätskonstante A_{630} = (2,1 ± 0,2)E+19 cm^{-2} [46]. Soll die gesamte Wasserstoffkonzentration in der Siliziumschicht nach Gleichung 3.5 ermittelt werden, so wird die Absorptionsbande bei 630 cm^{-1} mit einer Gaußkurve genähert. Anschließend wird die ermittelte Konzentration durch die Atomdichte für Silizium (ρ = 5E+22 cm^{-3}) dividiert, um den relativen Wasserstoffgehalt zu berechnen.

Einen Überblick über weitere Infrarotabsorptionsbanden und deren strukturelle Interpretation gibt Lucovsky et al. [47]. Neben der Bande bei 630 cm^{-1} werden hier die Banden bei 2000 cm^{-1} (Si-H) und 2090 cm^{-1} (SiH_n (n ≥ 2)) ausgewertet. Der Mikrostrukturfaktor R* ergibt sich aus der Fläche unter der Bande bei 2090 cm^{-1} im Verhältnis zur Gesamtfläche der beiden Banden bei 2000 cm^{-1} und 2090 cm^{-1}. Die SiH_n-Bande korreliert mit unerwünschten Hohlräumen in der Schicht. Für hochwertige a-Si:H-Schichten sollte daher der Mikrostrukturfaktor möglichst klein sein (< 0,1 [25]).

3.4. Kristalliner Volumenanteil

Der kristalline Volumenanteil von mikrokristallinem Silizium wird mithilfe der Ramanspektroskopie ermittelt. Gemessen wird bei der Ramanspektroskopie die Frequenzverschiebung des durch die Substanz gestreuten Lichts. Zur Abschätzung des kristallinen Volumenanteils aus dem Ramanspektrum der µc-Si:H-Schicht kann das Verhältnis der integrierten Streuintensität der amorphen und kristallinen Phase genutzt werden. Das Ramanspektrum einer mikrokristallinen Schicht (vgl. **Abbildung 3.2**) setzt sich aus drei einzelnen Peaks bei verschiedenen Wellenzahlen zusammen, die jeweils einen unterschiedlichen Strukturbereich im Material repräsentieren. Kristallines Silizium zeigt so im Ramanspektrum bei 520 cm^{-1} einen steilen charakteristischen Peak, während amorphes Silizium bei 480 cm^{-1} einen breiten charakteristischen Peak aufweist. Hinzu kommt ein schwacher Peak bei ca. 500 cm^{-1}, der in der Literatur vor allem durch:

3.5 Sekundärionen-Massenspektrometrie

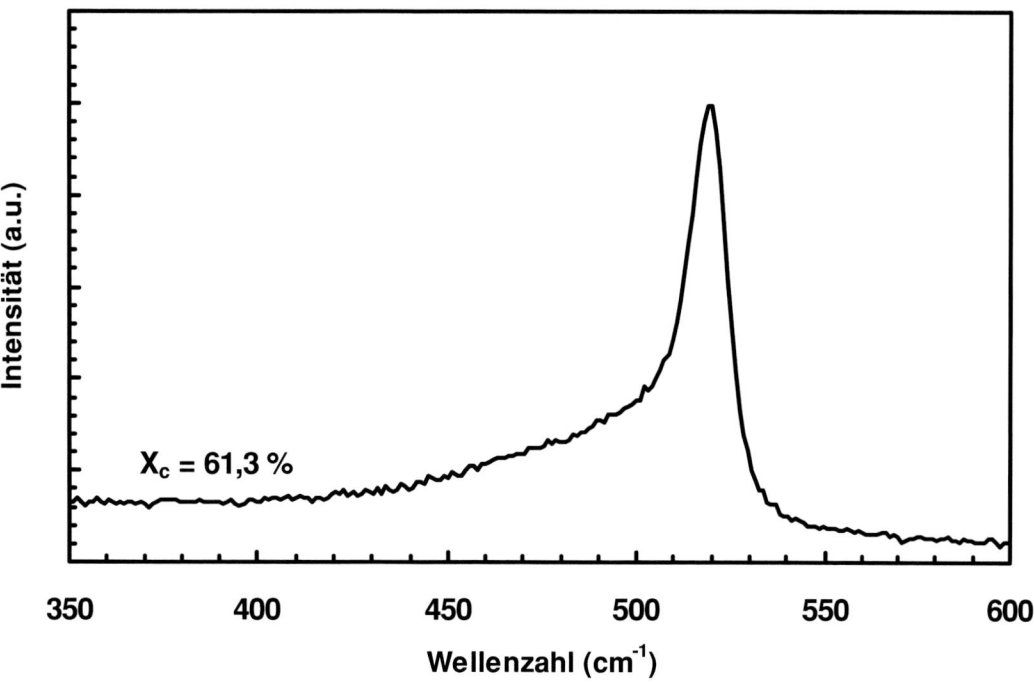

Abbildung 3.2: Charakteristisches Ramanspektrum einer µc-Si:H Schicht am Phasenübergang µc-Si:H/ a-Si:H mit X_c = 61,3 %

- eine hexagonale Si-Struktur (Wurzit-Struktur) [48]
- eine sehr feinkörnige kristalline Phase [49]
- korngrenzenähnliche Bereiche [50]

beschrieben wird. Der Ramanpeak bei 500 cm^{-1} wird daher der kristallinen Phase zugeordnet. Die jeweiligen Peaks werden mit Gaußkurven abgebildet. Der kristalline Volumenanteil berechnet sich dann aus dem Verhältnis der Flächen (I) unter den Gaußkurven wie folgt:

Gleichung 3.6: $$X_c = \frac{(I_{520} + I_{500})}{(I_{480} + I_{520} + I_{500})}$$

3.5. Sekundärionen-Massenspektrometrie

Die Sekundärionen-Massenpektroskopie (SIMS) ist eine sehr empfindliche Nachweismethode, mit der die stoffliche Zusammensetzung einer Probe bestimmt werden kann. Die SIMS-Messungen wurden in dieser Arbeit im Auftrag der TU-Dresden vom Forschungszentrum Jülich durchgeführt (UHV Quadrupol-SIMS ATOMIKA 4000). Die Substratoberfläche wird mit energiereichen Primärionen (hier: Cs$^+$ bzw. O$_2^+$, 6 keV) beschossen. Dadurch

3. Messtechnik für Einzelschichten und Solarzellen

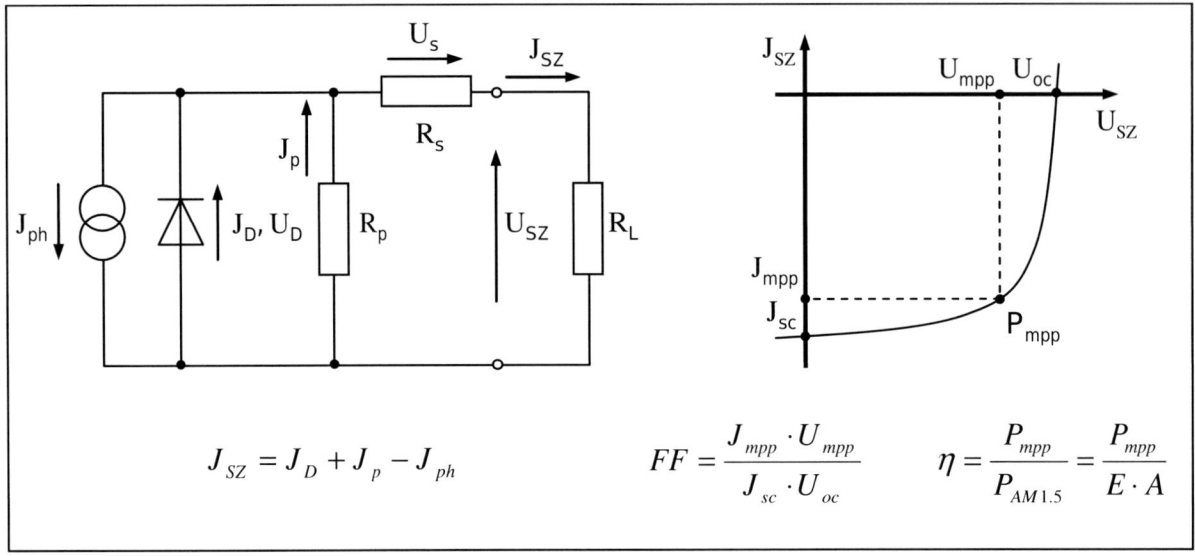

Abbildung 3.3: Ersatzschaltbild der Solarzelle mit Parallel- und Serienwiderstand (links) sowie JU-Kennlinie mit charakteristischen Kenngrößen η, FF, U_{oc} sowie J_{sc} (rechts)

werden Sekundärionen (hier: negative Sekunärionen ^{12}C, ^{16}O, ^{14}N, positive Sekundärionen ^{11}B, ^{31}P) aus der Oberfläche herausgeschlagen und mit einem Massenspektrometer detektiert. Der Strahldurchmesser und die Scanweite betrugen einheitlich 30 µm (FWHM) bzw. 160x160 µm². In der vorliegenden Arbeit wurden mittels SIMS komplette p-i-n Solarzellen hinsichtlich Verunreinigungen in der i-Schicht (C, O, N) und der Dotierstoffkonzentration (B, P) in der p- bzw. n-Schicht untersucht.

3.6. Solarzellencharakterisierung

Die Solarzellenkennlinie unter Beleuchtung lässt sich mit einem einfachen Ersatzschaltbild gemäß **Abbildung 3.3** - links abbilden. Eine Stromquelle (J_{ph}) wird parallel zu einer idealen Diode (J_D, U_D) geschaltet. Zusätzlich enthält das Schaltbild einen Serien- und Parallelwiderstand (R_s, R_p). Diese Widerstände charakterisieren ohmsche Verluste (z.B. schlecht leitende p-Schicht, Grenzflächen, TCO-Bahnwiderstand etc.) und Verluste durch Leckströme in der Solarzelle. Generell muss der Parallelwiderstand möglichst groß sein und der Serienwiderstand so klein wie möglich. Die beiden Widerstände werden aus dem reziproken Anstieg der Hellkennlinie (vgl. **Abbildung 3.3** - rechts) bei J_{sc} (R_p) sowie U_{oc} (R_s) extrahiert. Die Leerlaufspannung (U_{oc}) sowie die Kurzschlussstromdichte (J_{sc}) können ebenfalls unmittelbar aus der Hellkennlinie bei J_{SZ} = 0 mA/cm² bzw. U_{SZ} = 0 V entnommen werden. Eine weitere wichtige Kenngröße ist der Füllfaktor (FF), der die Anpassung der Hellkennlinie an die umhüllende Fläche der theoretischen Maximalleistung ($U_{oc} \cdot J_{sc}$) beschreibt. Die wohl wichtigste Kenngröße von Solarzellen ist der Wirkungsgrad η, der das Verhältnis der maximalen elektrischen Leistung der Solarzelle (P_{mpp}) zur eingestrahlten

3.6 Solarzellencharakterisierung

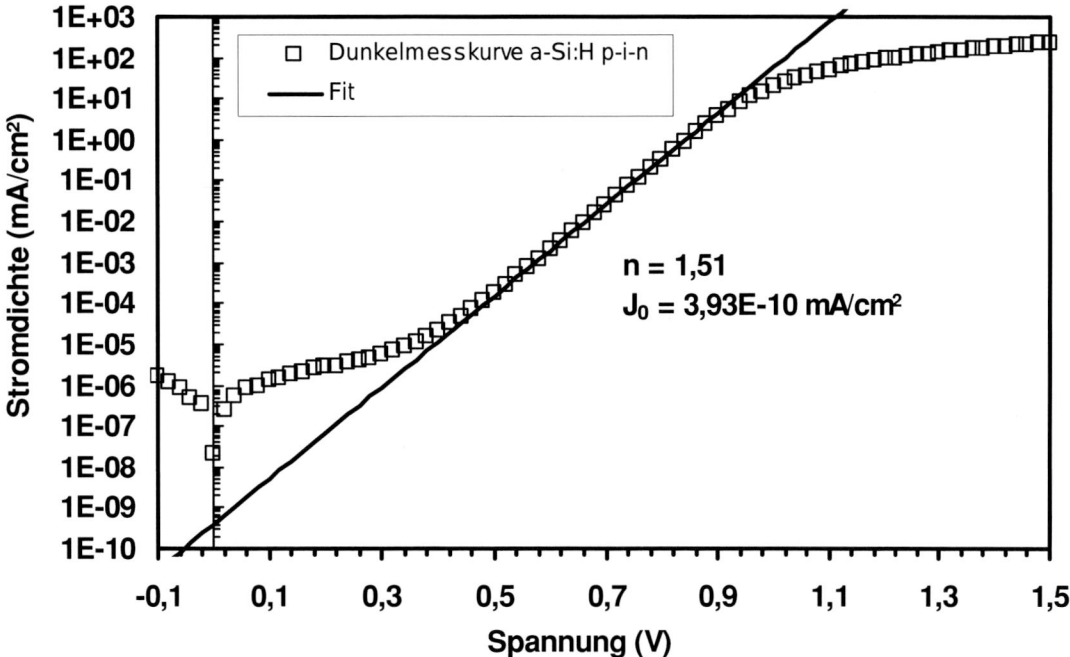

Abbildung 3.4: Gemessene Dunkelkennlinie einer a-Si:H p-i-n Solarzelle (offene Quadrate) sowie Fit-Gerade im exponentiellen Bereich der Dunkelkennlinie (schwarze Linie)

Leistung ($P_{AM1.5}$) widerspiegelt (vgl. **Abbildung 3.3** - rechts unten). Die eingestrahlte Leistung setzt sich aus dem Produkt der standardisierten Bestrahlungsstärke E von 1000 W/m² und der Solarzellenfläche A zusammen.

Die Strom-Spannungscharakteristik an den Klemmen der Solarzelle ergibt sich aus dem Ersatzschaltbild zu:

Gleichung 3.7: $$J_{SZ}(U_{SZ}) = J_0 \left[\exp\left(\frac{q(U_{SZ} - J_{SZ} \cdot R_s)}{nkT} \right) - 1 \right] + \frac{U_{SZ} - J_{SZ} \cdot R_s}{R_p} - J_{ph}$$

wobei q die Elementarladung, J_0 die Sperrsättigungsstromdichte und n der Diodenidealitätsfaktor ist. Die beiden letztgenannten Größen lassen sich aus dem Anstieg der Dunkelkennlinie im exponentiellen Bereich ableiten (vgl. **Abbildung 3.4**). Die Sperrsättigungsstromdichte ergibt sich aus dem Schnittpunkt der Fit-Geraden mit der Ordinate. Für gute Solarzellen sollte J_0 möglichst klein sein. Der Diodenidealitätsfaktor kann aus dem Anstieg m der Fit-Geraden berechnet werden:

Gleichung 3.8: $$n = \frac{q \cdot \log(e)}{mkT}$$ (e - eulersche Zahl)

3. Messtechnik für Einzelschichten und Solarzellen

Für reinen Diffusionsstrom (ideale Diode) wird $n = 1$. Kommen Rekombinationsmechanismen in der Sperrschicht hinzu, steigt der Diodenidealitätsfaktor an ($n = 2$, reiner Rekombinationsstrom). Damit stellt n einen weiteren indirekten Indikator für die Defektdichte in der i-Schicht der Solarzelle dar [51], da die Rekombination wesentlich durch tiefe Störstellen in diesem Bereich getragen wird.

Die Messung und Auswertung der Solarzellenhellkennlinien erfolgte an einem an der TU-Dresden entwickelten automatisierten Messplatz. Als Lichtquelle wurde eine Xe-Bogenlampe in Kombination mit einem IR-3 Filter verwendet. Die Kalibrierung der Lichtleistung auf 100 mW/cm² konnte mittels einer p-i-n-Referenzdiode sichergestellt werden. In regelmäßigen Zeitabständen wurde zusätzlich eine externe Messplatzkalibrierung durchgeführt. Dazu erfolgte eine Solarzellenauswertung am Messplatz der TU-Dresden und vergleichsweise an einem Klasse A Sonnensimulator am Forschungszentrum Jülich. Eine exakte Bestimmung der Solarzellenkenndaten war damit möglich. Alterungsexperimente für a-Si:H Solarzellen unter lang anhaltender AM1.5-Beleuchtung konnten an einem selbst entwickelten Messplatz durchgeführt werden. Die Substrattemperatur wurde während der Messung konstant auf 50 °C gehalten. Eine 400 W Halogen-Quecksilberdampflampe sowie acht Halogenkaltlichtstrahler dienten als Lichtquelle. Die Lichtleistung wurde wiederum mittels einer p-i-n-Referenzdiode kalibriert.

4. Herstellung von siliziumbasierten Dünnschichtensolarzellen

Eine der absoluten Neuheiten im Vergleich zum Stand der Technik ist das in dieser Arbeit verwendete dynamische PECVD-Verfahren zur Herstellung von Dünnschichtsolarzellen mittels linearen VHF-Plasmaquellen (vgl. Kapitel 4.4). Der Stand der Technik wird durch verschiedene Herstellungsverfahren repräsentiert. Darunter befinden sich statische RF- bzw. VHF-PECVD-Verfahren [14, 15, 18, 19, 52 - 55], hot-wire-Depositionsverfahren (HWCVD [56, 57]) als auch mikrowellenbasierte CVD-Verfahren [58 - 60]. Die VHF-Abscheidung bietet den Vorteil hoher Plasmadichten und reduzierter Ionenenergien im Plasma. Dadurch lassen sich Schichten mit großer Abscheiderate und geringerer Schädigung durch hochenergetischen Ionenbeschuss herstellen. Allerdings ergeben sich bei der VHF-Deposition Schwierigkeiten bei der Homogenisierung der Abscheidung auf großen Flächen. Im VHF-Bereich kommt die Viertelwellenlänge der Anregungsfrequenz in dieselbe Größenordnung wie typische großflächige Elektrodenabmessungen. In der Folge können sich Stehwellen ausbilden, was zu lokalen Spannungsmaxima bzw. Minima auf der Elektrode führt. Siliziumschichten, die unter einer solch inhomogenen Spannungsverteilung aufwachsen, werden unterschiedlich dick abgeschieden und sind für großflächige Solarmodule unbrauchbar. Es gibt einige Ansätze um das Homogenisierungsproblem im VHF-Bereich zu überwinden. Darunter fallen Konzepte wie leiterförmige Elektroden (ladder-shaped-electrodes [18, 19, 61]) oder U-förmige Antennen (U-shaped array antenna [62 - 64]).

In der Produktion von großflächigen siliziumbasierten Dünnschichtsolarmodulen auf Glassubstraten wird zumeist Standardequipment von Oerlikon Solar (KAI-Anlagen [65]) oder Applied Materials (AKT [66] und NEW ARISTO Plattform [67]) verwendet. Die Siliziumabscheidung findet dabei ohne Substratbewegung statt. Einige dynamische Fertigungskonzepte von siliziumbasierten Dünnschichtsolarzellen auf flexiblen Substraten finden ebenfalls Anwendung in der Praxis (z.B. Fuji Electric [21], United Solar [22, 68 - 70], VHF-Technologies [23]). Von der dynamischen Rolle-zu-Rolle Fertigung verspricht man sich einerseits eine deutlich größere Produktivität und damit geringere Fertigungskosten. Andererseits eröffnen sich durch Verwendung flexibler Substrate neue Anwendungsgebiete (z.B. Solarzellen auf gewölbten Oberflächen, Solarzellen auf Dächern mit geringen Traglasten etc.). Die Balance-of-System-Kosten lassen sich durch flexible Solarzellen ebenfalls senken (z.B. Wegfall von aufwendigen Montagegestellen für Glasmodule). Nicht zuletzt ist auch die Möglichkeit der Beschichtung von billigeren Foliensubstraten im Vergleich zur Glasbeschichtung interessant.

4. Herstellung von siliziumbasierten Dünnschichtensolarzellen

In der vorliegenden Arbeit erfolgte die Schichtabscheidung überwiegend dynamisch auf Glassubstraten. Grundsätzlich sollte demonstriert werden, dass mit dem neuartigen dynamischen Herstellungsverfahren mit VHF-Linienquellen qualitativ hochwertige Solarzellen gefertigt werden können. In diesem Zusammenhang ist es zunächst günstiger auf bewährte Glassubstrate zur Beschichtung zurückzugreifen. Prinzipiell eignet sich das Anlagenkonzept mit linearen VHF-Plasmaquellen aber auch ideal zur Beschichtung flexibler Substrate im Rolle-zu-Rolle Verfahren.

In diesem Kapitel wird das Herstellungsverfahren für die in dieser Arbeit abgeschiedenen a-Si:H bzw. µc-Si:H Solarzellen vorgestellt. Zunächst werden kurz einige allgemeine Grundlagen zum hier verwendeten PECVD-Verfahren erläutert (vgl. Abschnitt 4.1). Da im Höchstfrequenzbereich (81,36 MHz) abgeschieden wurde, wird der Einfluss der Anregungsfrequenz beim PECVD-Prozess von amorphen und mikrokristallinen Siliziumschichten in Kapitel 4.2 diskutiert. Die Probenpräparation auf kleinen Flächen ist Gegenstand von Abschnitt 4.3. Zuletzt wird die dynamische Abscheidung allgemein und mittels der in dieser Arbeit verwendeten F&E-Durchlaufanlage behandelt (vgl. Kapitel 4.4).

Tiefergehende Grundlagen zum PECVD-Verfahren können z.B. in den Lehrbüchern von Haefer [71] oder Frey und Kienel [72] nachgelesen werden.

4.1. Plasmaunterstützte chemische Gasphasenabscheidung

Beim Verfahren der plasmaunterstützten chemischen Gasphasenabscheidung (PECVD) wird ein Prozessgas zumeist zwischen zwei Elektrodenplatten in einer Niederdruckgasentladung chemisch umgesetzt. Es bilden sich reaktive Teilchen, die sich auf einem eingebrachten Substrat zu einer dünnen Schicht abscheiden. Durch die Plasmaaktivierung des Ausgangsgases können beim PECVD-Verfahren deutlich niedrigere Substrattemperaturen (ca. 180 - 200 °C für a-Si:H) als bei thermischer Aktivierung verwendet werden.

Bei der PECVD von a-Si:H und µc-Si:H Schichten werden zunächst die Ausgangsgase SiH_4 und H_2 durch Elektronenstoßprozesse zerlegt. Insbesondere die hochenergetischen Elektronen im Plasma (10 - 20 eV) besitzen genügend Energie, um Moleküle im Plasma anzuregen, zu zerlegen oder zu ionisieren. Verschiedene Wachstumsprekursoren wie z.B. SiH_3, SiH_2, SiH, Si oder H werden so aus den Ausgangsgasen Silan und Wasserstoff generiert. Vor allem SiH_3 spielt beim Schichtwachstum von a-Si:H eine besondere Rolle. Das erste Indiz für die große Bedeutung von SiH_3 ist die starke Korrelation der Wachstumsrate von a-Si:H bzw. µc-Si:H Schichten mit der Anzahl an SiH_3-Molekülen im Plasma [73]. Des Weiteren ist bekannt, dass SiH_3 weniger reaktiv ist als andere Spezies. Die

4.1 Plasmaunterstützte chemische Gasphasenabscheidung

Herstellungsparameter	Funktion
Prozessdruck	Der Prozessdruck beeinflusst die mittlere freie Weglänge der Teilchen und damit die Häufigkeit von Kollisionen im Plasma. Ein hoher Druck reduziert weiterhin die Energie der auf die Substratoberfläche treffenden Ionen.
Gasfluss	Der Gasfluss regelt die Verweilzeit und die Menge der zur Verfügung stehenden Teilchen im Plasma.
Leistung	Die Leistung kontrolliert die Zerlegung der Prozessgase und damit die Abscheiderate. Zusätzlich beeinflusst die Leistung den Ionenbeschuss der Wachstumsoberfläche.
Gasmischung	Durch Variation des Verhältnisses von Silan und Wasserstoff im Plasma können a-Si:H Schichten mit unterschiedlichen Eigenschaften hergestellt werden. Eine sehr hohe Wasserstoffverdünnung von Silan führt des Weiteren zur Abscheidung von mikrokristallinen Siliziumschichten. Die Zugabe von Phosphin und Trimethylboran zu den Prozessgasen erlaubt die Herstellung von dotierten Schichten.
Substrattemperatur	Die Substrattemperatur reguliert vor allem die Beweglichkeit und chemischen Reaktionen der Teilchen auf der Substratoberfläche.
Anregungsfrequenz	Die Frequenz hat starken Einfluss auf die Energieverteilung der Teilchen im Plasma und auf die Plasmadichte.
Geschwindigkeit	Die Substratgeschwindigkeit regelt die Durchquerung des in Fahrtrichtung inhomogenen Plasmas.

Tabelle 4.1: Prozessparameter (linke Spalte) und deren Funktion (rechte Spalte) bei der PECVD von amorphen und mikrokristallinen Siliziumschichten.

Wahrscheinlichkeit, dass ein SiH_3-Prekursor unbeschadet zur Substratoberfläche gelangt und zu einem energetisch günstigen Platz diffundieren kann, ist dadurch größer. Für die Oberflächendiffusion von SiH_3 ist die ausreichende Bedeckung der Substratoberfläche mit Wasserstoff entscheidend. Matsuda schlägt ein Wachstumsmodell vor, wonach SiH_3 zunächst auf der Substratoberfläche ein gebundenes Wasserstoffatom löst [27]. Bei dieser Reaktion bildet sich flüchtiges SiH_4. Anschließend diffundiert ein weiteres SiH_3-Molekül zu dem zurückgebliebenen offenen Bindungsarm und bildet eine feste Si-Si-Bindung aus.

Zur technologischen Entwicklung stehen beim PECVD-Prozess verschiedene Parameter zur Verfügung. **Tabelle 4.1** fasst die Herstellungsparameter und ihre Funktion im PECVD-Verfahren zusammen. Der Einfluss der Anregungsfrequenz wird ausführlicher in Abschnitt 4.2 diskutiert. Im Vergleich zur statischen PECVD ohne Substratbewegung kommt bei dem hier verwendeten dynamischen Abscheideverfahren die Substratgeschwindigkeit als neuer Prozessparameter hinzu. Je größer die Substratgeschwindigkeit, desto öfter muss das in Fahrtrichtung inhomogene Plasma durchquert werden. Der Einfluss der Dynamik der

Abscheidung mit Substratbewegung auf das Schichtwachstum und die Eigenschaften von a-Si:H p-i-n Solarzellen wird in Kapitel 7 behandelt.

4.2. Einfluss der Plasma-Anregungsfrequenz

In der vorliegenden Arbeit wurde eine im Vergleich zur Standardfrequenz (13,56 MHz) deutlich höhere Plasmaanregungsfrequenz von 81,36 MHz verwendet. Die in dieser Arbeit verwendeten linearen Plasmaquellen (vgl. Abschnitt 4.4) eignen sich ideal für diese hohen Frequenzen, da die Homogenisierung der eingekoppelten VHF-Leistung nur in einer Dimension gewährleistet werden muss. Alternative großflächige PECVD-Verfahren (m^2-Bereich) sind in dieser Hinsicht limitiert und können aufgrund des Stehwelleneffektes nur bei kleineren Frequenzen homogen abscheiden. Einzelheiten zur Homogenisierung der VHF-Leistung auf großen Flächen können z.B. in [20, 74, 75] nachgelesen werden. Aufgrund mangelnder HF-technischer Ausrüstung wurde auf die Verwendung größerer Frequenzen als 81,36 MHz im Rahmen dieser Arbeit verzichtet.

Bei der Verwendung hoher Frequenzen müssen Änderungen im Anpassnetzwerk zur Leistungsübertragung vorgenommen werden. Zur Kompensation des kapazitiven Plasmablindwiderstandes wird im Anpassnetzwerk eine Spule in Kombination mit einem stellbaren Kondensator verwendet. Die Änderung der Anregungsfrequenz und damit des kapazitiven Plasmablindwiderstands erfordert neue Kondensatoren und Spulen im Anpassnetzwerk mit geänderten Parametern. Eine weitere Besonderheit sind die mit steigender Frequenz zunehmenden ohmschen Verluste in den Zuleitungen. Bedingt durch den Skineffekt wird der Strom mit steigender Frequenz stärker zur Leiteroberfläche verdrängt. In der Folge steigt der Widerstand. Zusätzlich nehmen die Ströme bei hohen Frequenzen durch die sinkende Plasmaimpedanz zu.

Hohe Frequenzen wirken sich positiv auf das Schichtwachstum von amorphen und mikrokristallinen Siliziumschichten aus. Zum einen steigt die Abscheiderate bis zu hohen Frequenzen (200 MHz) bei gleich bleibenden Materialeigenschaften [76, 77]. Gleichzeitig nehmen die Ionenenergien der auf die Substratoberfläche aufprallenden positiv geladenen Ionen mit steigender Frequenz ab [77]. Hochenergetischer Ionenbeschuss der Wachstumsoberfläche steht mit einer Verschlechterung der Materialeigenschaften in Verbindung [78 - 80]. Der Grund für die abnehmenden Ionenenergien im Hochfrequenzbereich ist vor allem das abnehmende Plasmapotential [77, 81].

Eine der Hauptursachen für die mit der Frequenz steigende Abscheiderate ist die Zunahme des hochenergetischen Teils der Elektronenenergieverteilung im Plasma [82]. Damit lässt

4.3 Präparation von kleinflächigen Solarzellen

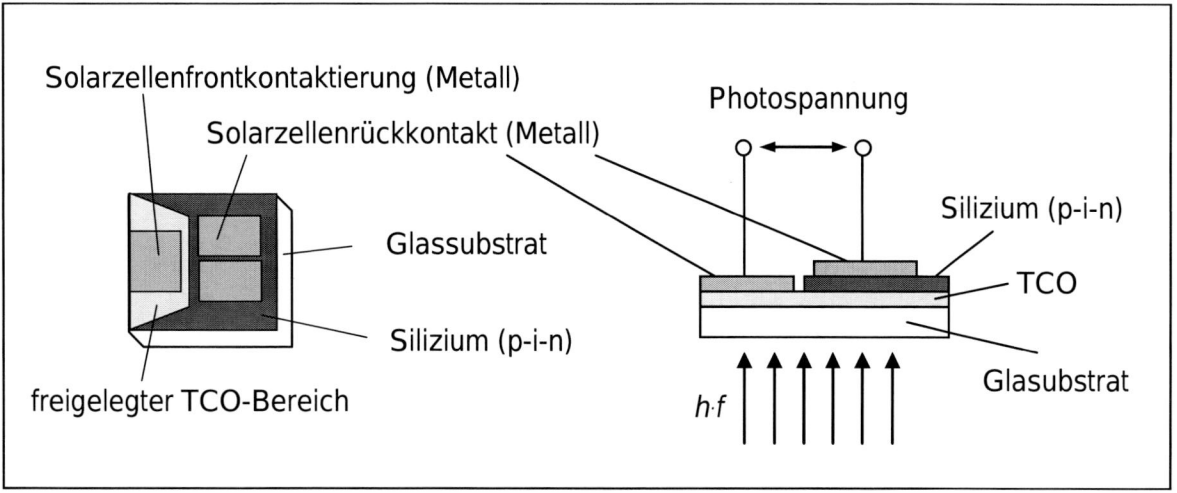

Abbildung 4.1: Kleinflächiger (65 mm²) Solarzellenaufbau auf Glassubstraten (25x25 mm²) in der Draufsicht (links) sowie in der Seitenansicht (rechts)

sich der Ratenzuwachs durch eine zunehmende Dissoziation von Silan erklären [83]. OES-Messungen der SiH*-Linie bei 414 nm zeigen einen Anstieg mit der Frequenz und bestätigen damit die These der stärkeren Silanzerlegung [77, 84]. Des Weitern wurde ein steigender Ionenfluss zur Substratoberfläche mit zunehmender Frequenz beobachtet [77]. Dadurch kommt es zu einer zunehmenden Dehydrogenisierung der Oberfläche. In der Folge können SiH_3-Prekursoren auf der Substratoberfläche schneller offene Bindungsarme zur Ausbildung einer festen Si-Si-Bindung finden. Die Abscheiderate nimmt zu.

4.3. Präparation von kleinflächigen Solarzellen

Zur Technologieentwicklung wurden alle in dieser Arbeit hergestellten Solarzellen zunächst auf kleinen Flächen präpariert. Die Größe der TCO-beschichteten Testsubstrate betrug 25x25 mm². Die aktive, ausgewertete Solarzellenfläche wird durch den Metallrückkontakt definiert (65 mm²). Stromsammlung aus den ebenfalls bei der Messung beleuchteten Randbereichen neben den Metallkontakten können aufgrund der geringen Querleitfähigkeit von dotierten a-Si:H-Schichten vernachlässigt werden. Auch mikrokristalline Siliziumsolarzellen wurden aus diesem Grund mit einer a-Si:H n-Schicht versehen.

In **Abbildung 4.1** ist der kleinflächige Probenaufbau für Silizium p-i-n Dünnschichtsolarzellen in der Draufsicht (links) und in der Seitenansicht (rechts) dargestellt. Beim PECVD-Prozess wird ein Teil des Substrates durch ein Abdeckblech freigehalten. In diesem Bereich wird später ein Metallkontakt thermisch aufgedampft um den Solarzellenfrontkontakt elektrisch abzugreifen. Auf die p-i-n Struktur werden ferner zwei 65 mm² große Metallkontakte thermisch aufgedampft um die Solarzellenrückseite zu kontaktieren. Insgesamt werden aus statistischen Gründen jeweils vier solche kleinflächigen Substrate in der Beschichtungszone verteilt und ausgewertet. Acht separate Solarzellen werden somit pro Durchlauf in die Auswertung einbezogen. Damit ist auch ein erster Eindruck zur großflächigen Homogenität der Abscheidung senkrecht zur Bewegungsrichtung des Substrates möglich. Weitere Einzelheiten zur konkreten Ausgestaltung der Metall- bzw. TCO-Kontakte und Siliziumschichten wird in Kapitel 5 ausführlich beschrieben.

4.4. Dynamische Schichtherstellung

In diesem Abschnitt wird das hier verwendete neuartige PECVD-Herstellungsverfahren mit Substratbewegung und linearen VHF-Plasmaquellen erläutert. Von der dynamischen Fertigung wird eine im Vergleich zur statischen Fertigung gesteigerte Produktivität erwartet. Im Fall der Solarmodulfertigung heißt das, dass jährlich mehr Solarleistung (MWp/a) zu gleichen oder geringeren Kosten produziert werden kann. Eine Abschätzung zur tatsächlichen Produktivität der dynamischen im Vergleich zur statischen Fertigung folgt in Kapitel 8. In diesem Abschnitt wird zunächst allgemein das Funktionsprinzip der dynamischen Solarzellenfertigung auf Glassubstraten beschrieben (vgl. Kapitel 4.4.1). Die in dieser Arbeit verwendete Forschungsanlage zur Simulation der dynamischen Solarzellenfertigung auf Glassubstraten ist Gegenstand von Abschnitt 4.4.2. Obwohl sich das Verfahren auch sehr gut für die Beschichtung flexibler Substrate eignet, wird auf eine detailliertere Beschreibung der Rolle-zu-Rolle-Fertigung verzichtet.

4.4.1. Allgemeine Funktionsweise der dynamischen Schichtabscheidung

Das Prinzip der statischen und dynamischen PECVD von Silizium-Dünnschichtsolarzellen zeigt **Abbildung 4.2**. Im Fall der statischen Fertigung (**Abbildung 4.2** - links) wird zumeist eine Parallelplattenanordnung verwendet. Die Abscheidung der Schichten erfolgt auf großen Flächen in der Regel bei der Standardfrequenz von 13,56 MHz. Beim Schichtwachstum wird das Substrat nicht bewegt (statisch). Anders ist dies bei der dynamischen Fertigung (**Abbildung 4.2** - rechts). Hier fahren die Glassubstrate zur Beschichtung durch das Plasma hindurch. Damit eine höhere Anregungsfrequenz (hier 81,36 MHz) verwendet werden kann, ist eine lineare Elektrodenanordnung sinnvoll. Die Länge der Elektrode übersteigt ihre Breite in der vorliegenden Arbeit um den Faktor fünf.

Zur dynamischen Herstellung einer einfachen a-Si:H p-i-n Solarzelle sind mindestens drei Plasmaquellen erforderlich (jeweils eine Quelle für die p-, i- bzw. n-Schicht). Zur Vermeidung von Dotierstoffverschleppungen können Schleusen zwischen die einzelnen Teilschichtstationen eingefügt werden. Da in der Regel nicht eine Plasmaquelle zur Abscheidung der dicken i-Schicht der Solarzelle ausreicht, müssen mehrere lineare Plasmaquellen in Reihe geschaltet werden. Exemplarisch sind z.B. in **Abbildung 4.2** - rechts vier Plasmaquellen zur

4.4 Dynamische Schichtherstellung

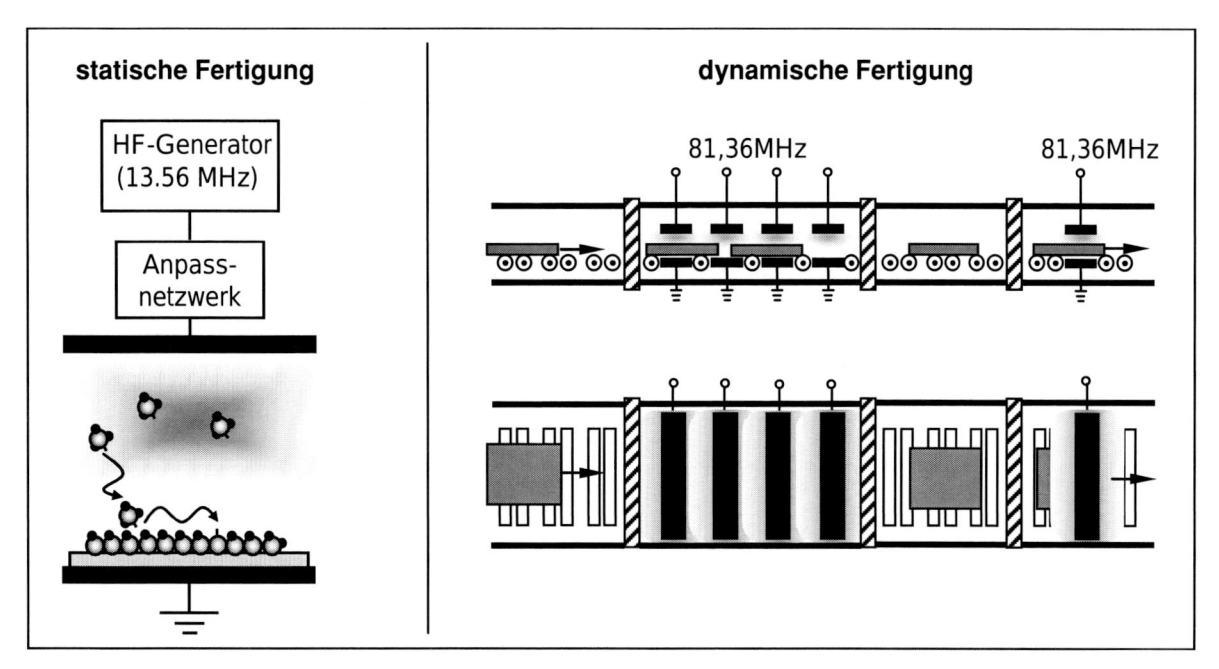

Abbildung 4.2: Prinzip der statischen (links) sowie dynamischen Fertigung (rechts) von Dünnschichtsilizium für Solarzellen mittels RF- bzw. VHF-PECVD (nicht maßstabsgetreu)

i-Schichtabscheidung vorgesehen. Die dynamische Beschichtung kann in der horizontalen Ebene als auch in der vertikalen Ebene stattfinden. Die vertikale Beschichtungsebene hat den Vorteil, dass im Plasma generierte Partikel nicht das Substrat kontaminieren. Die Ausfallrate ist dadurch geringer. Die horizontale Beschichtungsvariante war in dieser Arbeit dennoch aus anlagenhistorischen Gründen vorgegeben.

4.4.2. Aufbau der Forschungsanlage und Beschichtungsablauf

Zur Simulation der dynamischen Fertigung wurde eine Durchlaufanlage mit drei linearen Plasmaquellen verwendet (vgl. **Abbildung 4.3**). Unter der ersten linearen Plasmaquelle wurden die p-Schichten der Solarzellen gefertigt. Aus anlagenhistorischen Gründen erfolgte die i-Schichtdeposition an der Plasmaquelle drei. Die n-Schichten der Solarzellen wurden unter der zweiten Plasmaquelle gefertigt. Um die gewünschten i-Schichtdicken von ca. 300 nm (a-Si:H) bzw. 1000 nm (µc-Si:H) abzuscheiden, musste das Plasma mehrfach durchquert werden. Dies geschah mittels Pendelbewegungen des Substrates unter der linearen Plasmaquelle drei. Zusätzlich zu den Prozesskammern diente eine Schleuse zum Ein- bzw. Auschargieren der Substrate aus dem Vakuum.

Der Substratwagen fährt in den Prozesskammern in einem Massetunnel, der nur unter den Plasmaquellen nach oben geöffnet ist. Der Tunnel umschließt den Substratträger als auch den Prozessraum auf ganzer Länge. Damit wird eine kapazitive Erdung des Substratwagens über den dünnen Spalt (ca. 1 mm) zum Massetunnel gewährleistet. Der geschlossene HF-Stromkreis von der Elektrode über den Substratwagen zum Tunnel und zurück verhindert die

4. Herstellung von siliziumbasierten Dünnschichtensolarzellen

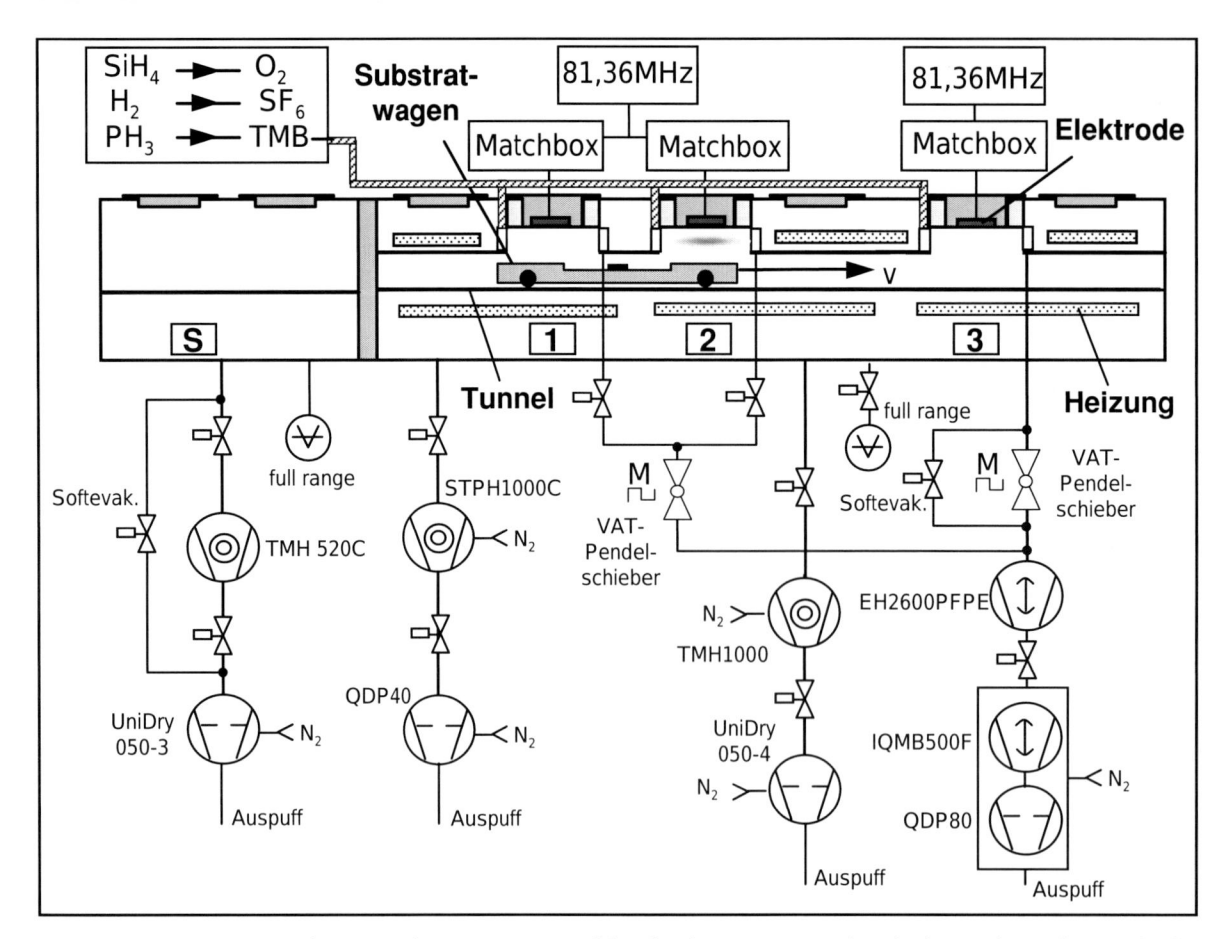

Abbildung 4.3: Schema der F&E-Durchlaufanlage zur Simulation der dynamischen Fertigung von Dünnschichtsolarzellen mit Vakuumsystem; S - Schleuse, 1 - Prozessraum zur p-Schichtabscheidung, 2 - n-Schichtabscheidung, 3 - i-Schichtabscheidung

Ausbildung parasitärer Plasmen außerhalb der Prozesskammer. Zur Stabilisierung der Entladung erfolgte zusätzlich zur kapazitiven Erdung eine direkte Erdung des Substratwagens mittels Schleifkontakten.

An der Durchlaufanlage können Substrate bis zu einer maximalen Größe von 300x300 mm² beschichtet werden. Ein lineares Transportsystem sorgt für den kontinuierlichen Vortrieb der Substrate während des PECVD-Prozesses. Das Transportsystem besteht aus einem Substratwagen mit Zahnstange, einem Schrittmotor und zwei Antriebsachsen je Kammer. Die Antriebsachsen werden außerhalb des Vakuums durch einen Zahnriemen synchron vom Schrittmotor angetrieben. Die maximale Substratgeschwindigkeit beträgt 550 mm/min.

Eine vereinfachte Darstellung des Vakuumsystems der Anlage ist im unteren Teil von **Abbildung 4.3** gegeben. Die Schleuse wird mit einem Pumpstrang bestehend aus Trockenläufer und Turbomolekularpumpe evakuiert. Die Belüftung der Schleuse kann auf Basis von Luft als auch auf Basis von Stickstoff erfolgen. Das Kammervolumen im

4.4 Dynamische Schichtherstellung

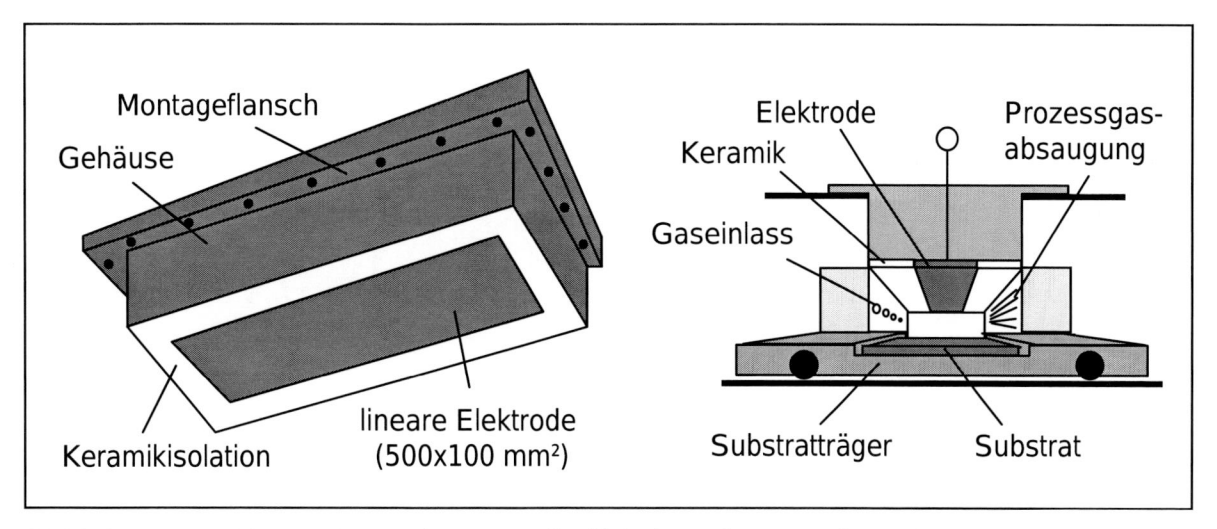

Abbildung 4.4: Lineare VHF-Plasmaquelle (links) sowie Darstellung des Prozessraumes mit Substratträger, Gaseinlass, Absaugung und Elektrode (rechts)

Beschichtungsbereich der Anlage wird mit zwei Turbopumpsträngen (jeweils S = 1000 l/s) auf einen Basisdruck von ca. 1,0E-04 Pa evakuiert. Die drei Beschichtungsräume unter den linearen VHF-Plasmaquellen verfügen jeweils über eine separate Prozessgasabsaugung. Dazu wird ein trockenlaufendes Pumpsystem (QDP 80/ IQMB500F) in Kombination mit einer Rootspumpe verwendet. Mit einem Druckregelventil (VAT-Pendelschieber) wird der Prozessdruck eingestellt. Sowohl die Schleuse als auch das Kammervolumen im Beschichtungsbereich verfügt über ein Full-Range-Druckmessgerät für Inertgase. Der Prozessdruck im Beschichtungsraum wird über Baratron-Druckmessaufnehmer (1-100 Pa, bzw. 10-1000 Pa) überwacht. Die Gaszuführung in die Prozesskammer erfolgt über MFC's der Firma UNIT Instruments. Standardmäßig werden die Gasflusswerte in sccm angegeben (1 cm³/min bei 1 bar und 25 °C).

Das Konzept linearer Plasmaquellen stellt einen völlig neuen Lösungsweg zur großflächigen Beschichtung mittels VHF-PECVD dar. Aus der Begrenztheit der HF-Technik bei großen Flächen heraus wird die Elektrodenabmessung auf ein Maß verkleinert, dass sich Wellenerscheinungen einfach handhaben lassen. Die Verkleinerung der Elektrodenfläche in einer Dimension macht eine Bewegung des Substrates unumgänglich. In **Abbildung 4.4** - links ist der Aufbau einer Linienquelle zur Beschichtung von 500 mm breiten Substraten abgebildet. Über einen Montageflansch mit Viton-Dichtung wird die Elektrode mit der Anlage verbunden. Zur elektrischen Isolation wird die Elektrode von einer Keramik umschlossen. Alle HF-technischen Lösungen zur Homogenisierung der eingekoppelten Leistung sind auf der Rückseite der Elektrode außerhalb des Vakuums angeordnet. Das vom Generator erzeugte HF-Signal (81,36 MHz) wird verstärkt und über ein Anpassnetzwerk (Matchbox) kapazitiv in die Elektrode eingekoppelt. Der Prozessraum wird ferner vom Gaseinlass auf der einen Seite und vom Gasauslass auf der anderen Seite abgeschlossen (vgl. **Abbildung 4.4** - rechts). Zwischen VHF-Elektrode und Substrat bildet sich durch diese Cross-Flow-Anordnung ein laminarer Gasstrom.

Das vorgestellte dynamische Depositionsverfahren soll im Endstadium zur effizienten Massenfertigung von Silizium-Dünnschichtsolarzellen eingesetzt werden. Dazu muss jedoch zuerst nachgewiesen werden, dass sich siliziumbasierte Hocheffizienzsolarzellen mit dem Herstellungsverfahren realisieren lassen. Dieser Fragestellung wird im folgenden Kapitel nachgegangen.

5. Technologieentwicklung dynamisch abgeschiedener Si-Dünnschichtsolarzellen

In der Literatur sind zahlreiche Arbeiten zur Optimierung von siliziumbasierten Dünnschichtsolarzellen unter verschiedenen Herstellungsbedingungen zu finden [15, 62, 85 - 90]. Der stabile Wirkungsgrad von a-Si:H Einzelsolarzellen erstreckt sich dabei von 6 % für die großflächige Abscheidung (5,7 m² [88]) bis hin zu Rekordwerten von > 10% für Zellen im Labormaßstab [89]. Für mikrokristalline Silizium-Einzelsolarzellen sind abhängig vom Herstellungsverfahren ebenfalls gute bis sehr gute Wirkungsgrade erzielt worden (7,4 - 10,1 % [15, 62, 90, 91]). Die Herstellung der Siliziumschichten findet dabei überwiegend mit statischen PECVD-Prozessen ohne Substratbewegung bei der Deposition statt. Um zu demonstrieren, dass hohe Wirkungsgrade auch für dynamisch hergestellte Dünnschichtsolarzellen realisierbar sind, wurde im Rahmen der Arbeit zunächst eine technologische Optimierung von amorphen (Kapitel 5.1) und mikrokristallinen Silizium-Einzelsolarzellen (Kapitel 5.2) durchgeführt.

5.1. Amorphes Silizium

Zu Beginn der Arbeit stand eine a-Si:H Solarzellentechnologie mit geringen Anfangswirkungsgraden (ca. 3,5 %) zur Verfügung. Diese Starttechnologie bestand aus einem einfachen dynamisch abgeschiedenen p-i-n Zellaufbau auf kommerziell erhältlichen Glassubstraten mit ITO-Beschichtung. Als Rückseitenmetallisierung wurde ein thermisch aufgedampfter Aluminiumkontakt verwendet.

Zur Verbesserung des Startwirkungsgrades der a-Si:H p-i-n Solarzellen wurden zahlreiche Veränderungen der Solarzellentechnologie vorgenommen. **Abbildung 5.1** gibt einen Überblick über die Wirkungsgradverbesserungen in Abhängigkeit der durchgeführten technologischen Variationen. Der in der Abbildung dargestellte Verlauf des initialen Wirkungsgrades zeigt, dass zunächst eine Reihe von PECVD-unabhängigen Technologieveränderungen zu sukzessiven Effizienzsteigerungen führten (vgl. Technologieveränderung II bis VI in **Abbildung 5.1**). Diese "PECVD-fernen" Technologiestufen werden folgend zu allgemeinen Prozessverbesserungen zusammengefasst und in Kapitel 5.1.1 diskutiert. Der eigentliche Schwerpunkt der Optimierung mit dem größten Wirkungsgradzuwachs pro Technologiestufe lag dann bei der p-dotierten Fensterschicht (vgl. Kapitel 5.1.2). Ferner sind in **Abbildung 5.1** nur einige ausgewählte technologische Veränderungen dargestellt. Nach Technologiestufe IX verbleibt somit noch eine kleine Wirkungsgraddifferenz von ca. 0,2 % bis zur vollständig optimierten Technologie (X). Weitere Effekte, die zu dieser Technologie (X) führten, werden in Abschnitt 5.1.5 behandelt.

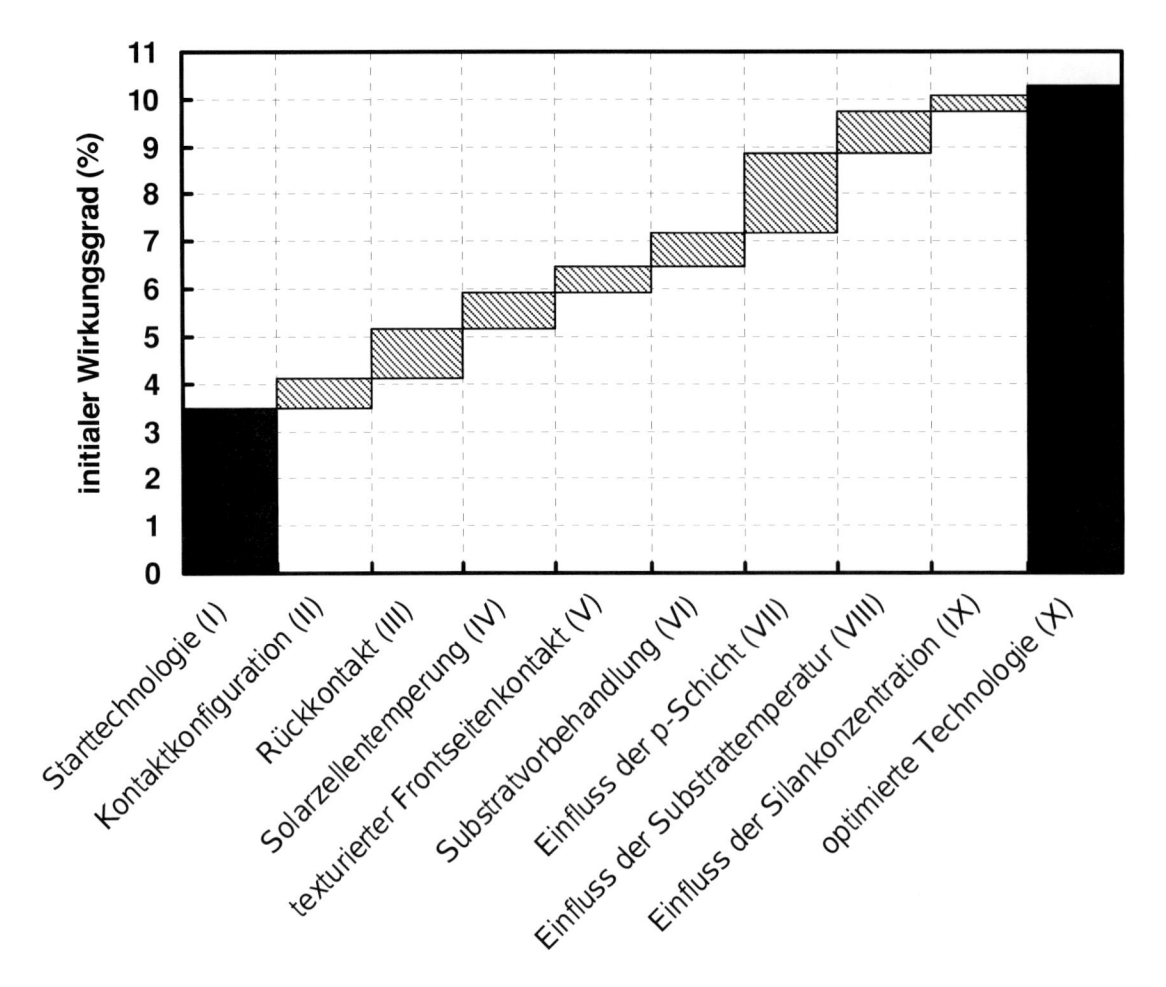

5. Technologieentwicklung dynamisch abgeschiedener Si-Dünnschichtsolarzellen

Abbildung 5.1: Technologische Entwicklungsschritte zur Verbesserung der a-Si:H Solarzelleneffizienz. Die Starttechnologie (optimierte Technologie) ist durch einen initialen Wirkungsgrad von 3,5 % (10,27 %) gekennzeichnet (schwarze Balken). Die schraffierten Rechtecke markieren die Wirkungsgradverbesserungen pro Technologiestufe.

Nach der technologischen Optimierung konnten gute initiale Wirkungsgrade von ca. 10,27 % für dynamisch abgeschiedene a-Si:H Einzelsolarzellen erreicht werden. Die detaillierten Eigenschaften dieser Solarzellentechnologie werden in Kapitel 5.1.6 beschrieben. Eine Beurteilung der Qualität der Abscheidung insbesondere von a-Si:H Solarzellen ist des Weiteren nicht ohne die Untersuchung der lichtinduzierten Alterung des Materials möglich (vgl. Kapitel 5.1.7). Die Reproduzierbarkeit der Abscheidung ist für eine produktionsnahe Fertigungsanlage ebenfalls von Bedeutung und wird daher in Abschnitt 5.1.9 separat behandelt.

5.1 Amorphes Silizium

5.1.1. Allgemeine Prozessverbesserungen

5.1.1.1. Kontaktkonfiguration

Die erste technologische Veränderung am Solarzellenaufbau betrifft die Geometrie der thermisch bedampften Aluminiumkontakte. Da diese Veränderung nur die Solarzellenherstellung im Labormaßstab betrifft, soll hier nur kurz darauf eingegangen werden. In **Abbildung 4.1** ist die neue Kontaktgeometrie mit koplanaren rechteckigen Metallisierungsflächen (Abstand der Metallflächen = 1 mm) dargestellt. Zuvor wurden kreisförmige koplanare Kontakte mit größerem Abstand von 2,5 mm verwendet. Dadurch ergab sich unnötigerweise ein verlängerter Stromweg durch das schlechter leitfähige TCO-Material. Zusätzlich wurde in der alten Technologievariante der freigelegte TCO-Bereich mit einem selbstaushärtenden Lack definiert, der nach dem PECVD-Prozess mit Aceton entfernt werden musste. In der neuen Kontaktgeometrie wird der TCO-Bereich, der später als Frontkontaktabgriff verwendet wird, direkt beim PECVD-Prozess durch ein Abdeckblech freigehalten. Durch beide Veränderungen ergibt sich insgesamt ein geringerer Serienwiderstand in der neuen Kontaktkonfiguration. Der verringerte Serienwiderstand spiegelt sich dann vor allem in einem erhöhten Füllfaktor und einer größeren Stromausbeute der Solarzellen wieder. Der initiale Wirkungsgrad der a-Si:H Solarzelle verbesserte sich dadurch um ca. 0,6 % absolut.

5.1.1.2. Rückkontakt

Im nächsten Schritt wurde der Aluminiumrückkontakt der Solarzelle durch einen Silberrückkontakt ersetzt. Die Unterschiede in den Solarzelleneigenschaften, die sich aus der Wahl des jeweiligen Metalls ergeben, werden im Folgenden erläutert.

In amorphen Silizium-Dünnschichtsolarzellen können aufgrund der geringen Absorberschichtdicke nicht alle Photonen bei einmaliger Durchquerung der Zellstruktur absorbiert werden. In solch optisch limitierten Solarzellen kommt dem Lichteinfang ("Light-Trapping") besondere Bedeutung bei. Ziel ist es, den Lichtweg in der Zelle z.B. durch Reflexion am Solarzellenrückkontakt zu maximieren. Als metallische Rückkontaktmaterialien kommen aufgrund der hohen Reflexion vor allem Aluminium und Silber zum Einsatz. Auch dielektrische Rückkontaktmaterialien mit hohem Reflexionsvermögen, wie z.B. weiße Farbe, werden verwendet [92, 93].

Das Reflexionsverhalten einer elektromagnetischen Welle an einer ebenen Grenzfläche lässt sich allgemein mit den Fresnelschen Formeln beschreiben (siehe Gleichung 5.1):

5. Technologieentwicklung dynamisch abgeschiedener Si-Dünnschichtsolarzellen

Gleichung 5.1: $\quad r_\| = \left(\dfrac{E_r}{E_0}\right)_\| = \dfrac{n_2 \cos\alpha - n_1 \cos\beta}{n_1 \cos\beta + n_2 \cos\alpha} \quad r_\perp = \left(\dfrac{E_r}{E_0}\right)_\perp = \dfrac{n_1 \cos\alpha - n_2 \cos\beta}{n_1 \cos\alpha + n_2 \cos\beta}$

Dabei ist $r_{\|,\perp}$ der Amplitudenreflexionskoeffizienten für parallel (∥) bzw. senkrecht (⊥) zur Einfallsebene polarisiertes Licht, $E_{r,0}$ der Anteil des reflektierten bzw. einfallenden elektrischen Feldes der Lichtwelle, n_1, n_2 die Brechungsindizes von Medium 1 bzw. Medium 2 und α, β die Einfallswinkel bzw. Brechungswinkel des Lichts.

An dieser Stelle soll exemplarisch die Reflexion für die Grenzfläche Luft (n = 1) zu Silber bzw. Aluminium für den senkrechten Lichteinfall (α = 0°) berechnet werden. Dazu wird in Gleichung 5.1 der Brechungsindex des Metalls (n_2) aufgrund der absorbierenden Eigenschaften dieses Mediums durch den komplexen Brechungsindex n_c ersetzt:

Gleichung 5.2: $\quad n_c = n - jk$

Dabei ist n der reelle Brechungsindex und k der Extinktionskoeffizient. Damit wird auch der Amplitudenreflexionskoeffizient ($r_\|$ bzw. $r_\perp$) komplex, dessen Betragsquadrat dem Reflexionsgrad ρ entspricht:

Gleichung 5.3: $\quad \rho = \rho_\| = \rho_\perp = \dfrac{(1-n^2)+k^2}{(1+n^2)+k^2}$

Für die Grenzfläche Luft - Silber berechnet sich der Reflexionsgrad bei einer Wellenlänge von 589 nm (Natrium-D-Linie) damit nach Gleichung 5.3 zu 96,7 % (n_{Ag} = 0,121, k_{Ag} = 3,65 [94]) während sich für Luft - Aluminium eine Reflexion von 91,2 % (n_{Al} = 1,205, k_{Al} = 7,06 [95]) ergibt. Die Wellenlänge von 589 nm eignet sich gut zum Vergleich der Reflexionswerte, da bei dieser Wellenlänge auch die spektrale Empfindlichkeit der a-Si:H Solarzelle sehr hoch ist. Noch größer wird der Reflexionsunterschied beider Materialien, wenn man die interne Reflexion in der Solarzelle betrachtet. Hier erfolgt die Reflexion der einfallenden elektromagnetischen Welle an der Grenzfläche a-Si:H - Metall. Damit wird in Gleichung 5.1 auch der Brechungsindex des ersten Mediums (n_1) komplex. Die Reflexion für die Grenzfläche a-Si:H - Silber berechnet sich dann zu 85,4 % bzw. für a-Si:H - Aluminium zu 67,7 % ($n_{a\text{-Si:H}}$ = 4,46, $k_{a\text{-Si:H}}$ = 0,211 [96]). Allerdings gelten diese Werte nur für eine glatte Grenzfläche. In realen Silizium-Dünnschichtsolarzellen sind die Grenzflächen hingegen rau. Die Licht-

5.1 Amorphes Silizium

reflexion an solch rauen Metallgrenzflächen ist generell geringer als bei glatten Grenzflächen was auf die Absorption durch Oberflächenplasmonen zurückzuführen ist [97, 98]. Weiterhin werden reflexionsmindernde Effekte durch Grenzschichten zwischen a-Si:H und Metall erwähnt [99]. Die Rauigkeit der Grenzflächen in Silizium-Dünnschichtsolarzellen wird allgemein durch den rauen TCO-Frontkontakt vorgegeben ("Light-Trapping") und setzt sich bis zum Rückkontakt fort. Die Rauigkeit der Grenzfläche a-Si:H - Metall ist somit unabhängig vom verwendeten Kontaktmaterial und es verbleibt letztlich der reflexionssteigernde Effekt des Silbers.

Eine höhere Lichtreflexion am Rückkontakt führt letztlich zu einer höheren Stromausbeute im Bauteil Solarzelle. Die Zunahme der Kurzschlussstromdichte J_{SC} der Solarzelle durch Verwendung von Silber anstelle von Aluminium wird in [100] mit 0,7 mA/cm² angegeben. In der vorliegenden Arbeit betrug der Stromzuwachs beim Wechsel des Rückkontaktmaterials ca. 0,9 mA/cm². Der initiale Wirkungsgrad der a-Si:H Solarzellen verbesserte sich dadurch um ca. 0,5 % absolut (vgl. **Abbildung 5.1**).

Eine Möglichkeit, die Reflexion des Rückseitenreflektors weiter zu erhöhen, besteht darin, eine TCO-Schicht zwischen n-Silizium und Metall einzufügen [99, 101]. Die Reflexion an der Grenzfläche ZnO - Ag berechnet sich z.B. zu 94,6 % und für ZnO - Al zu 84 % (n_{ZnO} = 2,0 [102]). Im Vergleich zu einer einfachen Silberschicht kann damit durch Verwendung eines ZnO/ Ag - Reflektors eine zusätzliche Stromerhöhung von ca. 1,3 mA/cm² bei a-Si:H p-i-n Einzelsolarzellen erzielt werden [100]. In **Abbildung 5.2** ist die Quanteneffizienz von a-Si:H Solarzellen mit verschiedenen Rückkontaktsystemen (Al, Ag, ZnO/ Al, ZnO/ Ag) in Abhängigkeit der Wellenlänge dargestellt. Die Quanteneffizienz gibt dabei das Verhältnis von generierten Ladungsträgerpaaren zur Anzahl der eingestrahlten Photonen an. In der Abbildung ist der starke Einfluss des Rückseitenreflektors für Wellenlängen größer als 550 nm deutlich zu erkennen. Bei diesen Wellenlängen sinkt der Absorptionskoeffizient von a-Si:H drastisch, womit gleichzeitig die Eindringtiefe des Lichts ansteigt. Bei 700 nm Wellenlänge beträgt die Eindringtiefe in amorphem Silizium so bereits über 6,5 µm ($\alpha \sim 1500\ cm^{-1}$). Damit kommt dem Lichteinfang bei diesen Wellenlängen besondere Bedeutung bei, da die Schichtdicke in a-Si:H Solarzellen aufgrund der lichtinduzierten Alterung auf wenige hundert Nanometer begrenzt ist. Der Rückseitenreflektor ZnO/ Ag führt zur größten Quanteneffizienz über den gesamten spektralen Empfindlichkeitsbereich der a-Si:H Solarzelle. Die Einführung der ZnO-Zwischenschicht am Rückkontakt erhöhte den Wirkungsgrad der a-Si:H p-i-n Solarzellen in dieser Arbeit nochmals um ca. 0,6 % (vgl. **Abbildung 5.1**).

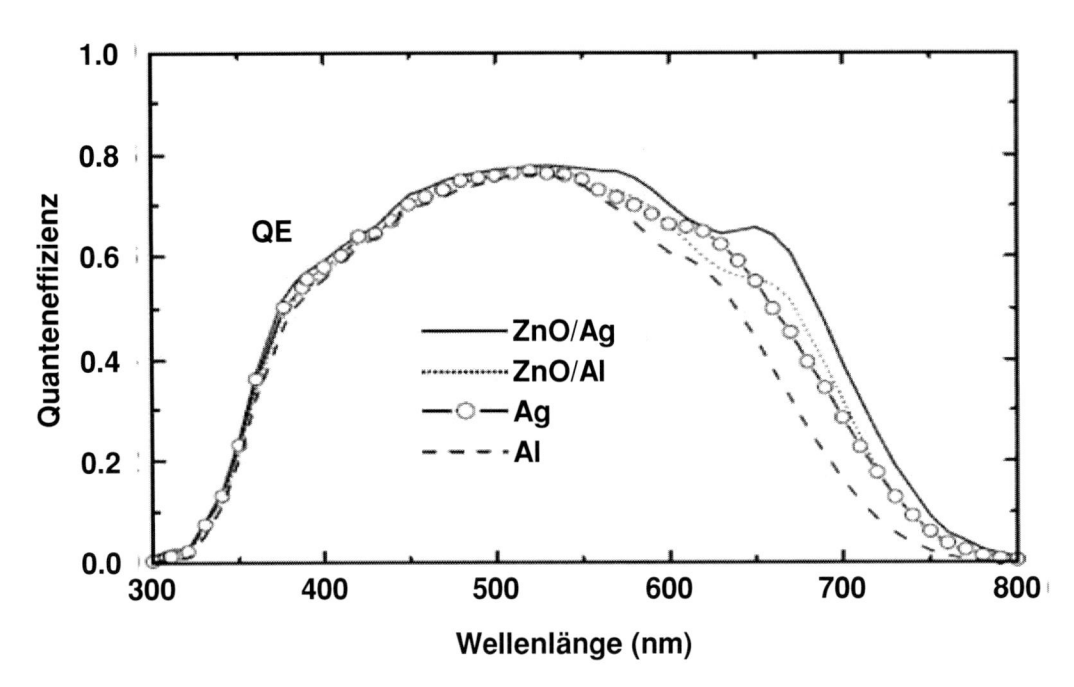

Abbildung 5.2: Spektrale Quanteneffizienz von a-Si:H Solarzellen mit verschiedenen Rückseitenreflektoren ZnO/Ag (schwarze Linie), ZnO/Al (gepunktete Linie), Ag (offene Kreise) sowie Al (gestrichelte Linie), Quelle: [100]

Die elektrischen Eigenschaften von Silber und Aluminium spielen bei der Auswahl des Rückkontaktmaterials eine untergeordnete Rolle, da beide Materialien eine hohe Leitfähigkeit besitzen und der Stromweg durch die metallische Reflektorschicht gering ist. Für eine typische Rückkontaktschichtdicke von 500 nm ergeben sich für Aluminium und Silber in der hier verwendeten Kontaktkonfiguration Widerstände von 2,15E-10 Ω bzw. 1,23E-10 Ω. Diese geringen Widerstände sind für den Stromtransport in der Solarzellenstruktur zu vernachlässigen.

5.1.1.3. Thermische Solarzellennachbehandlung

Siliziumbasierte Dünnschichtsolarzellen mit metallischem Rückkontakt werden nach Abscheidung aller Einzelschichten für ca. 30 Minuten bei 150°C getempert. Der initiale Wirkungsgrad kann dadurch um ca. 0,75 % absolut gesteigert werden (vgl. **Abbildung 5.1**).

In **Abbildung 5.3** sind JU-Kennlinien einer a-Si:H Einzelsolarzelle vor und nach Temperung dargestellt. Der Serienwiderstand der Solarzelle, erkennbar am Anstieg der JU-Kennlinie beim Schnittpunkt mit der Spannungsachse, nimmt nach Temperung ab. Dadurch nimmt die Stromdichte nach der Temperaturbehandlung der Solarzelle deutlich zu. Gleichzeitig ist der Füllfaktor der Solarzelle nach Temperung geringfügig erhöht. Eine Ursache für den sinkenden Serienwiderstand der Solarzelle ist die Kontaktformierung zwischen a-Si:H n-Schicht und metallischem Rückkontakt nach Temperaturbehandlung. Haque et al. berichten

5.1 Amorphes Silizium

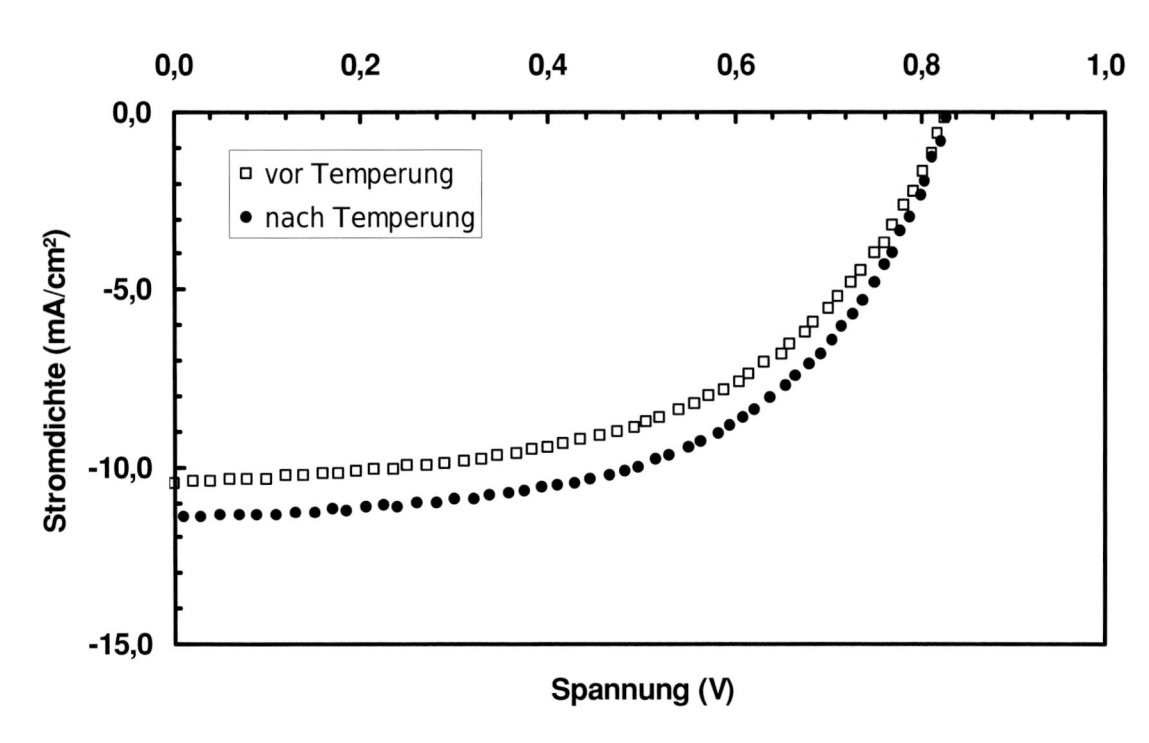

Abbildung 5.3: JU-Kennlinien einer a-Si:H Solarzelle vor Temperung (offene Rechtecke) und nach Temperung (geschlossene Kreise) für 30 Minuten bei 150°C.

z.B. über einen abfallenden Kontaktwiderstand einer Schichtstruktur bestehend aus a-Si:H n-Schicht und Aluminiumdeckelektrode für das Tempern ab 100°C [103]. Als Ursachen dafür kommen eine verbesserte Haftung sowie das Aufbrechen natürlicher Oxidschichten zwischen Aluminium und a-Si:H-Schicht in Frage [104]. Für die Temperung bei höheren Temperaturen (200-250°C) steigt der Kontaktwiderstand wieder an und es kommt zur aluminiuminduzierten Kristallisation von a-Si:H [105]. Weiterhin berichten Ishihara et al. von Interdiffusionseffekten zwischen Aluminium und Silizium bei Temperaturen größer als 150°C [106]. Auch die Bildung metastabiler Silizide zwischen Metall und Silizium wird ab ca. 150°C erwähnt [107, 108]. In ähnlichem Ausmaß wie für Aluminium sind auch bei Verwendung von Silber als Kontaktmaterial Wechselwirkungen zwischen Metall und Silizium bei vergleichsweise niedrigen Temperaturen (200°C) bekannt [109]. Die beschriebenen Effekte durch thermische Behandlung der Kontakte oberhalb einer kritischen Temperatur führen in jedem Fall zur Instabilität des Metall-Halbleiter-Kontaktes. Die maximale Temperatur zur nachträglichen thermischen Behandlung der Solarzellen ist demnach auf ca. 150°C begrenzt. Eine Möglichkeit die Wechselwirkung von Metall und Silizium bei der Temperung einzuschränken, besteht im Einfügen einer TCO-Zwischenschicht als Diffusionsbarriere [110].

Ein weiterer Effekt der bei Temperaturen ab ca. 150°C beginnt, ist die Ausdiffusion von Wasserstoff aus den a-Si:H Schichten [111]. Da der Wasserstoff zur Defektpassivierung in a-

Si:H von entscheidender Bedeutung ist, sollte auch aus diesem Grund die Ausheiltemperatur nicht zu hoch gewählt werden.

5.1.1.4. Texturierter Frontseitenkontakt

Der transparente Frontkontakt von siliziumbasierten Dünnschichtsolarzellen muss einerseits eine hohe Leitfähigkeit aufweisen um die Ladungsträger der Solarzelle effizient abzuführen. Andererseits ist eine hohe optische Transparenz der Schicht notwendig um möglichst wenig Licht durch Absorption in dieser Schicht zu verlieren. Des Weiteren kommt dem TCO-Material eine entscheidende Bedeutung beim Lichteinfang bei. Durch eine texturierte TCO-Oberfläche wird das Licht an der Grenzfläche TCO - a-Si:H diffus gestreut und der Lichtweg in der Solarzelle verlängert sich. Damit können mehr Photonen in der Solarzelle absorbiert werden und zur Stromgewinnung beitragen. Erstmals berichtete Deckmann et al. über die Verwendung von texturierten Frontkontakten zur Verbesserung von amorphen Siliziumsolarzellen [112].

In der vorliegenden Arbeit wurde zu Beginn eine Solarzellentechnologie übernommen, in der ein unzureichend rauer ITO-Frontkontakt verwendet wurde. Die Rauigkeit von Dünnschichtoberflächen wird oftmals mit dem RMS-Wert charakterisiert. Dieser betrug für den hier verwendeten ITO-Frontkontakt 24,5 nm. Aus den oben genannten Gründen führt eine unzureichende Rauigkeit des Frontkontaktes zwangsweise zu optischen Verlusten aufgrund von mangelndem Lichteinfang in der Solarzelle. Weiterhin wird in der Literatur über die Instabilität von Indiumzinnoxid in H_2-Plasmen berichtet. In der Folge kann reduziertes In^+ schon bei niedrigen Temperaturen in die p-Schicht und sogar bis ins p/i-Grenzgebiet von a-Si:H Solarzellen diffundieren [113] und die Solarzellenperformance negativ beeinträchtigen [114]. Daher wurde in der Folge ein alternatives SnO_2-beschichtetes Glassubstrat mit Fluordotierung und größerer Rauigkeit (RMS = 46,1 nm) als Trägermaterial benutzt. Dieses Substrat ist unter dem Markennamen Asahi-U in den Forschungs- und Entwicklungsabteilungen der siliziumbasierten Dünnschichtsolarzellenbranche weit verbreitet. **Abbildung 5.4** zeigt hochauflösende REM-Aufnahmen der Oberfläche beider Frontkontakte im Vergleich. Auch wenn aus dieser Abbildung nicht zwangsweise die größere Rauigkeit der Asahi-U Oberfläche ersichtlich ist, so sieht man dafür sehr gut die unterschiedliche Strukturierung beider Oberflächen. Die für Asahi-U typische Pyramidenstruktur (**Abbildung 5.4** - rechts) führt zu verbesserten Lichtstreuungseigenschaften und störungsfreiem Aufwachsverhalten der a-Si:H p-i-n Solarzellen (wenig Nebenschlusspfade und Poren). Der Wechsel des Frontkontaktes bewirkte in dieser Arbeit auf den darauf abgeschiedenen a-Si:H Solarzellen einen Stromgewinn von ca. 1,1 mA/cm². Der initiale Wirkungsgrad konnte damit um ca. 0,55 % absolut gesteigert werden.

5.1 Amorphes Silizium

Abbildung 5.4: Hochauflösende REM-Aufnahmen der texturierten TCO-Oberfläche von ITO (links) und SnO_2:F (rechts)

5.1.1.5. Substratvorbehandlung

Die TCO-Gläser für die a-Si:H Solarzellenabscheidung wurden in dieser Arbeit kommerziell in großen Formaten erworben und mussten anschließend in labortaugliche Größen zugeschnitten werden. Der Reinigungszustand der Substratoberfläche bei Anlieferung der Substrate war unbekannt. Des Weiteren können durch den Schneidprozess und manuelles Handling der Substrate Verunreinigungen auf die Probenoberfläche gelangen. Daher wurde eine Reinigungsprozedur eingeführt, die eine definierte Substratoberfläche vor der Plasmaabscheidung der Siliziumschichten gewährleistet. Einen Überblick über Reinigungsverfahren von Substratoberflächen gibt Heyns (1999) [115].

Die Reinigung der Substratoberfläche erfolgte in einem mehrstufigen Verfahren. In der ersten Stufe wurde eine „Entfettung" der Substrate, d.h. die Entfernung organischer Verunreinigungen mittels Aceton und 2-Propanol durchgeführt, wodurch eine vollständige Benetzung der Oberfläche durch die nachfolgenden wässrigen Reinigungslösungen gewährleistet wird. In der zweiten Reinigungsstufe wurde eine verdünnte ammoniakalische Lösung (5 % NH_3 in DI-Wasser) mit einem pH-Wert von 11,5 ± 0,3 zur Beseitigung von Partikeln verwendet [116], einem entsprechend dem Pourbaix-Diagramm für Zinnoxid (SnO_2) [117] stabilen pH-Bereich. In der dritten, sauren Reinigungsstufe kam verdünnte Zitronensäure (1 % in DI-Wasser) als bekannter Komplexbildner für zweiwertige Metallionen wie z.B. Magnesium und Calcium zum Einsatz. Die Behandlung in der zweiten und dritten Stufe wurde zur effektiveren Partikelbeseitigung durch Megaschall (10 min, 240 W, 870 kHz) unterstützt [118]. Zwischen den Einzelschritten der Reinigung erfolgte jeweils ein intensives Spülen mit DI-Wasser.

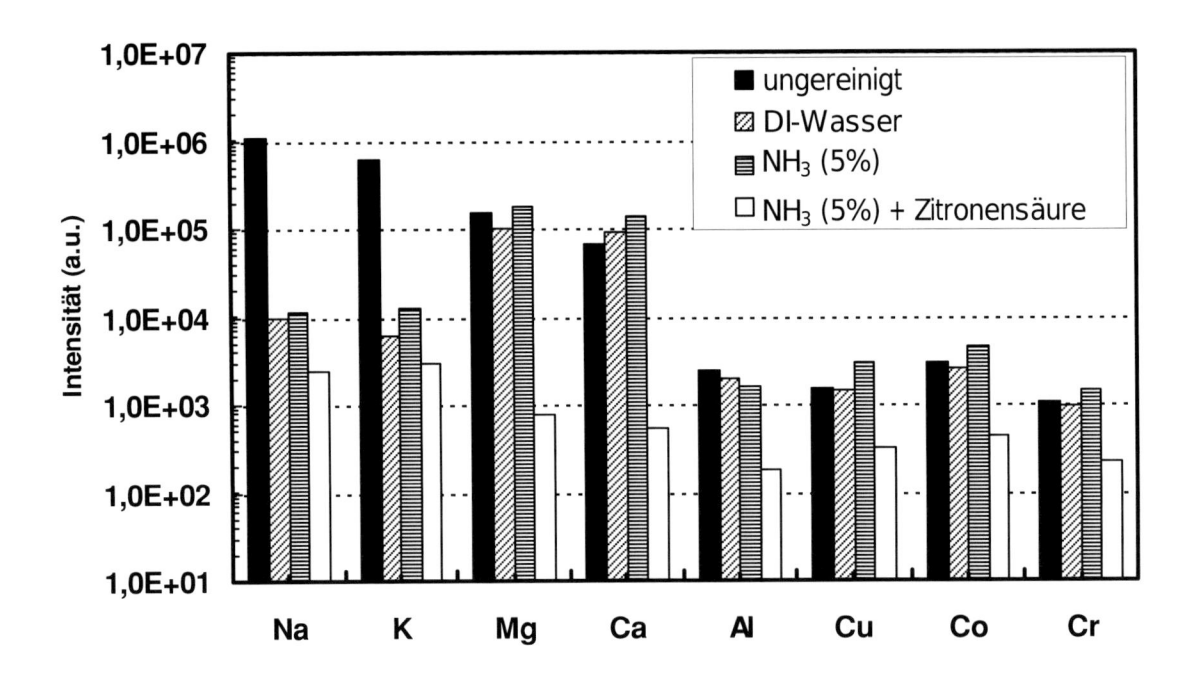

Abbildung 5.5: TOF-SIMS-Intensität von Metallionen auf der SnO$_2$:F Substratoberfläche vor der Reinigung (schwarze Säulen), nach Reinigung in Stufe 2 (schraffierte Säulen) und nach Reinigung in Stufe 2 und 3 (weiße Säulen); TOF-SIMS-Parameter: Spannung 25 keV, Messfeld 100 x 100 µm²

Zur Beurteilung der Reinigungswirkung in den jeweiligen Stufen kam vor allem die Flugzeit-Massenspektrometrie (TOF-SIMS) zum Einsatz. TOF-SIMS ist ein sehr oberflächensensitives Messverfahren zur Elementanalyse[1]. **Abbildung 5.5** zeigt die Effektivität der Reinigung der zweiten und dritten Reinigungsstufe in Bezug auf ausgewählte Metallionen. Dargestellt ist dabei die TOF-SIMS-Intensität für Metallionen vor und nach Reinigung mit unterschiedlichen Substanzen. Deutlich zu erkennen ist die starke Verringerung der Anzahl an Alkaliionen (Na, K) nach der Reinigung in ammoniakalischer Lösung (2. Stufe). Eine ähnliche Reinigungswirkung in Bezug auf diese Ionen wird jedoch auch mit DI-Wasser allein erreicht. In der Halbleiterindustrie ist die schädigende Wirkung von hochmobilen Alkaliionen lange bekannt (elektrische Defekte, Bauteilalterung, Ausbeuteverluste [119]). Der in dieser Industrie entwickelte RCA-Reinigungsprozess (SC1/ SC2) [120] zielt daher unter anderem auch auf die Entfernung speziell dieser Verunreinigungen ab. Ob Alkaliionen in siliziumbasierten Dünnschichtsolarzellen ähnliche Probleme hervorrufen können, ist bisher wenig untersucht. Beyer et al. untersuchten z.B. die Diffusion des Lithiumions in a-Si:H [121].

---

[1] Die TOF-SIMS-Messungen wurden durch SGS INSTITUT FRESENIUS GmbH Dresden durchgeführt.

5.1 Amorphes Silizium

Reinigungsvariante	FF (%)	U_{oc} (mV)	R_s (Ohm)
ungereinigt	48,00	850	44,69
DI-Wasser + Citronensäure	54,00	855	14,07
NH$_3$ (5%) + Citronensäure	61,25	865	8,64

Tabelle 5.1: Füllfaktor (FF), Leerlaufspannung (U_{oc}) sowie Serienwiderstand (R_s) von a-Si:H Solarzellen auf SnO$_2$:F mit unterschiedlicher Substratvorbehandlung.

Stiebig et al. schlussfolgern auch anhand der Ergebnisse von Beyer, dass der Diffusionskoeffizient von Verunreinigungen in kompaktem Material im amorphen Zustand geringer ist als im kristallinen Zustand [122]. Daher wird die Diffusion der Alkaliionen bei a-Si:H-typischen Herstellungstemperaturen von ca. 200°C für unwahrscheinlich gehalten. Die Konzentration der übrigen in **Abbildung 5.5** gezeigten Elemente (Mg, Ca, Al, Cu, Co, Cr) verringert sich in der folgenden sauren Reinigungsstufe erwartungsgemäß deutlich (vgl. weiße Säulen in Abbildung). Besonders stark ist dieser Effekt für die beiden Erdalkaliionen Mg und Ca, was sicherlich auf die zusätzlich wirkende Komplexbildung der Zitronensäure zurückzuführen ist.

Des Weiteren wurden Solarzellentestabscheidungen auf zuvor unterschiedlich gereinigten Substraten durchgeführt. Die Herstellung der Solarzellen für die Reinigungsversuche erfolgte aus Gründen der Anlagenhistorie bei einer vergleichsweise niedrigen Temperatur von 140 °C. Spätere Versuche zur Substratvorbehandlung bei höheren Temperaturen (180 °C) zeigten prinzipiell dieselben Tendenzen, jedoch war der absolute Unterschied in den Solarzellenparametern durch die Reinigung etwas geringer. In **Tabelle 5.1** sind die Veränderungen der Parameter Füllfaktor, Leerlaufspannung und Serienwiderstand von a-Si:H Solarzellen in Abhängigkeit der Substratvorbehandlung zusammengefasst. Zum einen wurde dabei die oben beschriebene mehrstufige Reinigung (1. Entfettung, 2. ammoniakalische Lösung, 3. Zitronensäure) verwendet. Des Weiteren kam eine Reinigung mit DI-Wasser in der zweiten Stufe sowie zu Referenzzwecken eine Variante ohne Substratvorbehandlung (ungereinigt) zum Einsatz. Die Herstellungsbedingungen der a-Si:H Solarzellen waren bei allen Reinigungsvarianten identisch. Es zeigt sich, dass alle Kenndaten durch die beschriebenen Substratreinigungen verbessert werden. Insbesondere der aus der Hellkennlinie abgeleitete Serienwiderstand R_s nimmt durch die Reinigung mit DI-Wasser und ammoniakalischer Lösung deutlich ab. Damit verbessert sich auch der Füllfaktor dieser Solarzellen. Die Leerlaufspannung wird durch die Reinigung mit DI-Wasser kaum beeinflusst und vergrößert sich durch die Reinigung mit ammoniakalischer Lösung nur geringfügig. Interessant ist die Tatsache, dass es zwischen der Reinigung mit DI-Wasser und ammoniakalischer Lösung starke Unterschiede in Bezug auf die Solarzellenkenndaten gibt. Aus den TOF-SIMS-Ergebnissen hinsichtlich der Beseitigung metallischer Kontaminationen war hingegen kein nennenswerter Unterschied zwischen der Reinigung mit DI-Wasser und ammoniakalischer Lösung festzustellen. Es kann daher geschlussfolgert werden, dass es neben den metallischen Verunreinigungen auf der Substratoberfläche andere Faktoren (z.B. Partikel) gibt, die für die initialen Solarzellenkenndaten größere Bedeutung haben.

Die Reinigungswirkung von ammoniakalischer Lösung und Zitronensäure wurde des Weiteren mit zahlreichen anderen Reinigungsvarianten verglichen. Eine vergleichbar gute Reinigungswirkung konnte so z.B. auch mit dem aus der Mikroelektronik bekannten Standard Clean 1 (SC1) in der zweiten Reinigungsstufe erzielt werden. Da hiermit jedoch keine wesentliche Verbesserung erzielt wurde, ist die beschriebene dreistufige Reinigung beibehalten worden. Um sicherzustellen, dass durch diese Reinigungsprozedur kein Schichtangriff der SnO_2:F-Oberfläche erfolgt, wurden begleitend Messungen des Flächenwiderstandes der SnO_2:F Beschichtung mittels 4-Spitzenmessung sowie Transmissionsmessungen im UV-VIS-NIR-Bereich durchgeführt. Es zeigte sich dabei erwartungsgemäß keine Veränderung des Widerstandes und der Transmission nach der Reinigung mit ammoniakalischer Lösung und Zitronensäure. Daher kann davon ausgegangen werden, dass es keine schädlichen Nebenwirkungen durch die neue Substratvorbehandlung gibt. Die Prozesszuverlässigkeit und Ausbeute konnten durch die Einführung der neuen Reinigungsprozedur deutlich gesteigert werden.

Nach der Einführung der oben beschriebenen allgemeinen Prozessverbesserungen (Kontaktkonfiguration, Rückkontaktmaterial, Solarzellentemperung, texturierter Frontkontakt, Substratvorbehandlung) konnten für einfache a-Si:H p-i-n Solarzellen initiale Wirkungsgrade von über 7 % erreicht werden (vgl. **Abbildung 5.1**). In den folgenden Abschnitten wird jetzt der Einfluss des dynamischen VHF-PECVD-Prozesses auf amorphe Siliziumschichten und Solarzellen beschrieben.

5.1.2. Einfluss der p-dotierten Schicht

Die Optimierung der p-dotierten Schichten von a-Si:H Solarzellen hatte in der vorliegenden Arbeit den größten Einfluss auf den Solarzellenwirkungsgrad (vgl. **Abbildung 5.1**). Die p-Schicht baut zusammen mit der n-Schicht der a-Si:H Solarzelle ein elektrisches Feld über der intrinsischen Schicht auf, um die dort durch Lichteinfall generierten Ladungsträger zu trennen. Die Dunkelleitfähigkeit (κ_d) der dotierten Schichten sollte dabei möglichst groß sein. In der Folge verschiebt sich das Ferminiveau in den dotierten Schichten in Richtung

5.1 Amorphes Silizium

p (Pa)	P (mW/cm²)	T (°C)	Q_{ges} (sccm)	SC (%)	TMB/SiH$_4$ (%)
15	140	200	610	16,4	1,2

κ_d (S/cm)	Rate (nm·m/min)	n_0	R*
1,20E-06	10,57	3,1	0,5

Tabelle 5.2: Herstellungsparameter und Schichteigenschaften von ca. 500 nm dicken p-dotierten a-Si:H Einzelschichten vor der Optimierung

Bandkante und das Potential in der Solarzelle wird größer. Weiterhin soll die p-Schicht einen möglichst niederohmigen Kontakt zur TCO-Schicht aufweisen. Da die Lebensdauer von photogenerierten Ladungsträgern in der p-Schicht selbst sehr gering ist, darf die p-Schicht außerdem möglichst wenig Licht absorbieren. Dies wird in der Regel durch eine Aufweitung der optischen Bandlücke durch Kohlenstoffeinbau in die p-dotierten a-Si:H Schichten erreicht [123]. Dazu wird dem Prozessgasgemisch aus Silan und Wasserstoff bei der p-Schichtabscheidung in der Regel Methan zugefügt.

In der vorliegenden Arbeit wurden zunächst p-dotierte Einzelschichten optimiert. Ausgangspunkt der Optimierung waren die in **Tabelle 5.2** angegebenen Herstellungsparameter und Schichteigenschaften. Auf eine Beimischung von Methan zum Prozessgas bei der p-Schichtdeposition wurde hier verzichtet. Als wichtigster Parameter zur Beeinflussung der p-Schichteigenschaften wurde die TMB-Konzentration in der Gasphase angesehen. Des Weiteren wurde auch der Einfluss der VHF-Leistung untersucht. Eine Reduzierung der VHF-Leistung bei der p-Schichtabscheidung war in dieser Arbeit für die Realisierung sehr kleiner p-Schichtdicken unumgänglich (vgl. Kapitel 5.1.2.1). Anschließend wurde eine Feinanpassung der p-Schicht direkt im Bauteil Solarzelle durchgeführt (Kapitel 5.1.2.2).

5.1.2.1. Untersuchung von Einzelschichten

Zur Verbesserung der p-Schichtqualität wurden zunächst p-dotierte Einzelschichten auf Glas zur Untersuchung der elektrischen und strukturellen Eigenschaften abgeschieden. Zur Einzelschichtcharakterisierung wurden die p-Schichten wesentlich dicker als in der Solarzelle hergestellt. Die p-Schichtabscheidung erfolgte dynamisch mit einer Substratgeschwindigkeit von 25 mm/min. Das Plasma musste für die Herstellung der p-Schichten überwiegend mehrfach durchquert werden, um eine vergleichbare Schichtdicke von jeweils ca. 500 nm zu erreichen. Als Qualitätskriterium für p-Schichten dient vor allem die Dunkelleitfähigkeit, die

VHF-Leistung (mW/ cm²)	Dunkelleitfähigkeit (S/cm)	$I_{845/cm}$/ $I_{2100/cm}$	Abscheiderate (nm·m/min)	j
30	4,25E-06	0,13	3,29	6
60	2,37E-06	0,15	5,32	3
140	1,10E-06	0,20	10,57	1

Tabelle 5.3: Schichteigenschaften von dynamisch hergestellten a-Si:H p-Schichten in Abhängigkeit der VHF-Leistung (v = 25 mm/min, SiH_4/ (H_2+SiH_4) = 16,4 %, TMB/ SiH_4 = 1,2 %, 15 Pa, 200 °C)

für gute Solarzellen im Bereich von 1,0E-06 S/cm liegen sollte [86].

Im ersten Schritt der Optimierung wurde die VHF-Leistung bei der plasmaunterstützten Gasphasenabscheidung der p-Schicht variiert. **Tabelle 5.3** zeigt den Einfluss der VHF-Leistung auf wichtige a-Si:H Schichtparameter. Wie der Tabelle zu entnehmen ist, steigt die Dunkelleitfähigkeit der p-Schichten mit abnehmender VHF-Leistung. Die größte Dunkelleitfähigkeit von 4,25E-06 S/cm ist so bei einer niedrigen VHF-Leistung von 30 mW/cm² erreicht worden. Da mit der VHF-Leistung insbesondere auch die Defektdichte von a-Si:H korreliert [124], kann dies die Ursache für die größere Leitfähigkeit bei niedriger Leistung sein. Tiefe Defekte in der Bandlücke von a-Si:H p-Schichten wirken generell kompensierend für Akzeptoren. Ein Großteil der Löcher aus den Akzeptoren wird so in Defektzuständen eingefangen (ein Elektron fällt aus dem Defektzustand ins Akzeptorlevel), die daraufhin positiv geladen sind (D^+) [125]. Da die Anzahl der Akzeptoren die der Defekte geringfügig übersteigt, verbleibt ein Überschuss an "freien" Löchern, die die Leitfähigkeit von a-Si:H p-Schichten im Vergleich zu intrinsischen Schichten deutlich erhöhen. Werden durch den Herstellungsprozess der p-Schichten weniger Defekte ins Material eingebaut (z.B. durch geringeren Ionenbeschuss bei niedriger VHF-Leistung), werden auch weniger Akzeptoren kompensiert. In der Folge steigt der Anteil an Überschussladungsträgern und damit die Leitfähigkeit. Ein Indiz für die Verringerung der Defektdichte mit sinkender Leistung ist auch das Verhältnis der Infrarotabsorptionsbanden bei 845 /cm und 2100 /cm (siehe Spalte 3 in **Tabelle 5.3**). Knights et al. finden eine gute Korrelation zwischen Defektdichte und diesem Absorptionsverhältnis [126]. Beide Absorptionsbanden werden $Si-H_2$-Schwingungen zugeordnet [47], jedoch umfasst die Bande bei 845 /cm nur verkettete $(SiH_2)_n$ Einheiten im Gegensatz zu isolierten und verketteten Einheiten bei der 2100 /cm Bande. Je mehr $(SiH_2)_n$ Ketten im Material enthalten sind, desto mehr Hohlräume befinden sich in der Schicht an deren internen Oberflächen vermehrt Dangling Bonds vorhanden sind. Ein abnehmendes Verhältnis $I_{845/cm}$/ $I_{2100/cm}$ (vgl. **Tabelle 5.3**) weist demnach auf eine verringerte Defektdichte bei niedriger VHF-Leistung hin.

5.1 Amorphes Silizium

Die dynamische Abscheiderate sinkt hingegen erwartungsgemäß mit abnehmender VHF-Leistung (vgl. Spalte 4 in **Tabelle 5.3**). In dieser Arbeit ist eine reduzierte Abscheiderate bei der p-Schicht notwendig, um für gute Solarzellen notwendige niedrige Schichtdicken (ca. 10 nm) realisieren zu können. Für den a-Si:H Standardsolarzellenprozess vor der p-Schichtoptimierung betrug die Abscheiderate der p-Schicht ca. 10,57 nm·m/min bei einer p-Schichtdicke von 21 nm. Bei dieser p-Schichtkonfiguration hatte die Substratgeschwindigkeit mit 500 mm/min bereits das anlagentechnische Maximum erreicht. Zur Verringerung der Schichtdicke blieb somit nur die Möglichkeit die Abscheiderate zu verringern, wofür hier eine Leistungsreduzierung verwendet wurde. Durch die verringerte Abscheiderate bei niedriger Leistung musste folglich die Anzahl an Plasmadurchquerungen angepasst werden (z.B. j = 6 bei 30 mW/cm²) um auf eine vergleichbare Gesamtschichtdicke von 500 nm für die p-Einzelschichtcharakterisierung zu gelangen. In der letzten Spalte von **Tabelle 5.3** ist die Anzahl der Plasmadurchquerungen j für die drei untersuchten Leistungsstufen angegeben.

Im nächsten Schritt wurde die Dotierstoffkonzentration (TMB/ SiH_4) in der Gasphase bei der p-Schichtabscheidung variiert. In **Abbildung 5.6** ist der Einfluss der TMB-Konzentration auf die Dunkelleitfähigkeit von dynamisch abgeschiedenen a-Si:H p-Schichten dargestellt. Mit steigender Dotierstoffkonzentration nimmt die Dunkelleitfähigkeit der p-Schichten zu. Bei hoher TMB-Konzentration wird der Anstieg der Dunkelleitfähigkeit jedoch geringer. Dies liegt am vermehrten Kohlenstoffeinbau und an der abnehmenden Dotierungseffizienz bei steigender Dotierstoffkonzentration in der Gasphase [127]. Die Dotierungseffizienz in dotierten a-Si:H Schichten ist generell wesentlich geringer als z.B. in kristallinem Silizium. Für amorphes Silizium werden bei ca. 1 % Dotierstoffkonzentration in der Gasphase weniger als 1 % der Dotieratome als aktive Dotanden in die Schicht eingebaut, von denen noch einmal ca. 90 % durch tiefe Defekte kompensiert werden [125]. Die verbleibenden 10 % der Überschussladungsträger besetzen größtenteils lokalisierte Zustände, so dass eine vergleichsweise geringe Dotierungseffizienz in Bezug auf freie Ladungsträger von ca. 10^{-4} verbleibt. Zusammen mit der geringeren Ladungsträgerbeweglichkeit in a-Si:H erklärt sich die um einige Größenordnungen niedrigere Leitfähigkeit im Vergleich zu kristallinem Silizium.

In **Abbildung 5.6** sind zusätzlich Literaturwerte für die Dunkelleitfähigkeit in Abhängigkeit der TMB-Konzentration angegeben. Die Werte von Lloret et al. [128] für die Dotierung von a-Si:H mit Trimethylbor sind geringfügig größer als die in dieser Arbeit erzielten Leitfähigkeiten. Für die Dotierung mit Diboran (B_2H_6 - Spear und Le Comber [9]) können deutlich größere Leitfähigkeiten erreicht werden. Dennoch wird zur Solarzellenherstellung vorzugsweise Trimethylbor verwendet, da Diboran keine ausreichende thermische Stabilität besitzt [129]. So kann sich Diboran bereits unterhalb von 200 °C thermisch zersetzen und zu schlechten

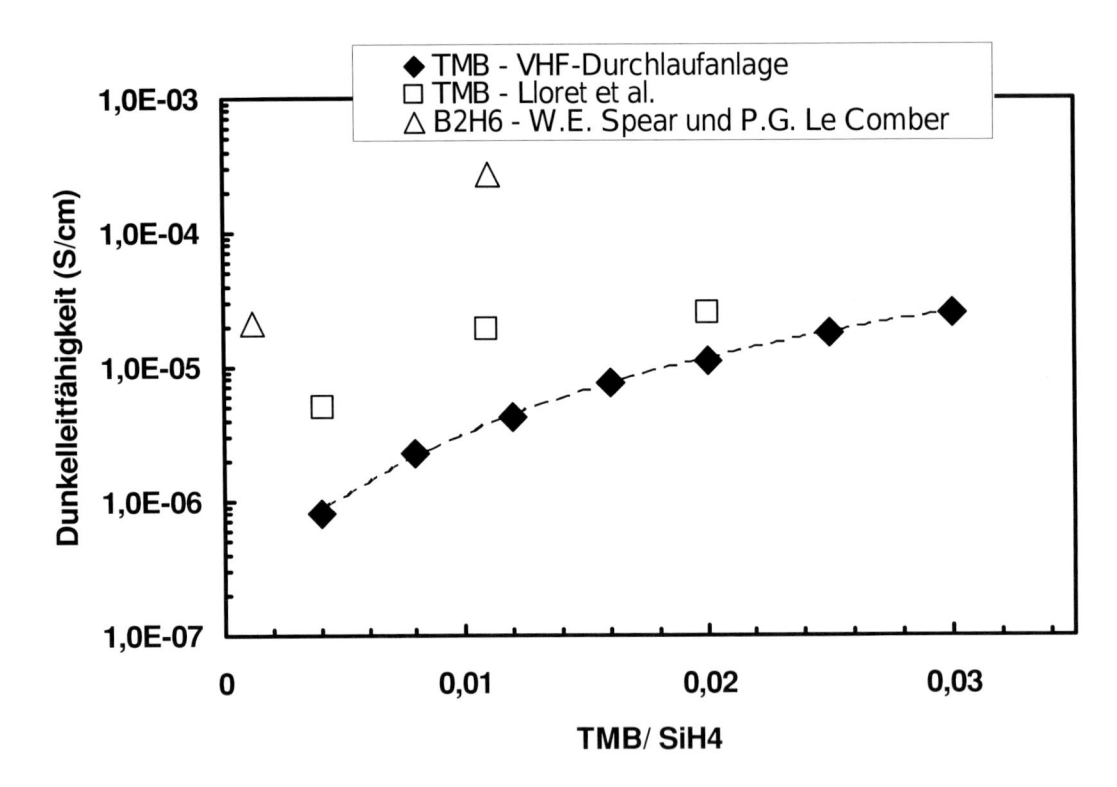

5. Technologieentwicklung dynamisch abgeschiedener Si-Dünnschichtsolarzellen

Abbildung 5.6: Dunkelleitfähigkeit von dynamisch hergestellten a-Si:H p-Schichten (schwarze Rauten) in Abhängigkeit der TMB-Konzentration in der Gasphase (v = 25 mm/min, 4 Plasmadurchquerungen, Schichtdicke ca. 500 nm, 30 mW/cm²); Referenzwerte (offene Quadrate bzw. Dreiecke) zur Dotierung mit TMB von Lloret et al. [128] und mit B_2H_6 von Spear und Le Comber [9]

p/i -Grenzflächeneigenschaften führen. Trimethylbor ($B(CH_3)_3$) bietet weiterhin den Vorteil, dass sich Kohlenstoff in Form von CH_3-Gruppen in das Material einbaut und somit zur Aufweitung der optischen Bandlücke beiträgt [128, 130]. Dieser Effekt ist für p-dotierte Fensterschichten von a-Si:H Solarzellen äußerst vorteilhaft, da möglichst wenig Licht bereits in der defektreichen p-Schicht absorbiert werden soll. In dieser Arbeit betrug die Vergrößerung der optischen Bandlücke (Tauc-Gap) durch TMB-Dotierung ca. 50 meV. In der Literatur wird eine geringfügig größere Bandlückenaufweitung von 60 meV (Tauc-Gap) erreicht [128]. Allerdings ist die Auswertung der Tauc-Bandlücke nicht immer ganz eindeutig, so dass die Abweichung im Rahmen der Auswertungsungenauigkeit liegt.

Abbildung 5.7 zeigt den Mikrostrukturfaktor R^* in Abhängigkeit der TMB-Konzentration. Mit zunehmender TMB-Konzentration steigt R^* an. Die in **Abbildung 5.7** eingefügte Darstellung der Si-H/ Si-H_2-Infrarotabsorptionsbanden bei 2000 /cm bzw. 2100 /cm veranschaulicht die strukturellen Veränderungen bei Variation der TMB-Konzentration. Aus Gründen der Übersichtlichkeit wurden die Verläufe des Absorptionskoeffizienten α bei höheren TMB-Konzentrationen nach oben verschoben. Bei einem niedrigen TMB/ SiH_4-Verhältnis von

5.1 Amorphes Silizium

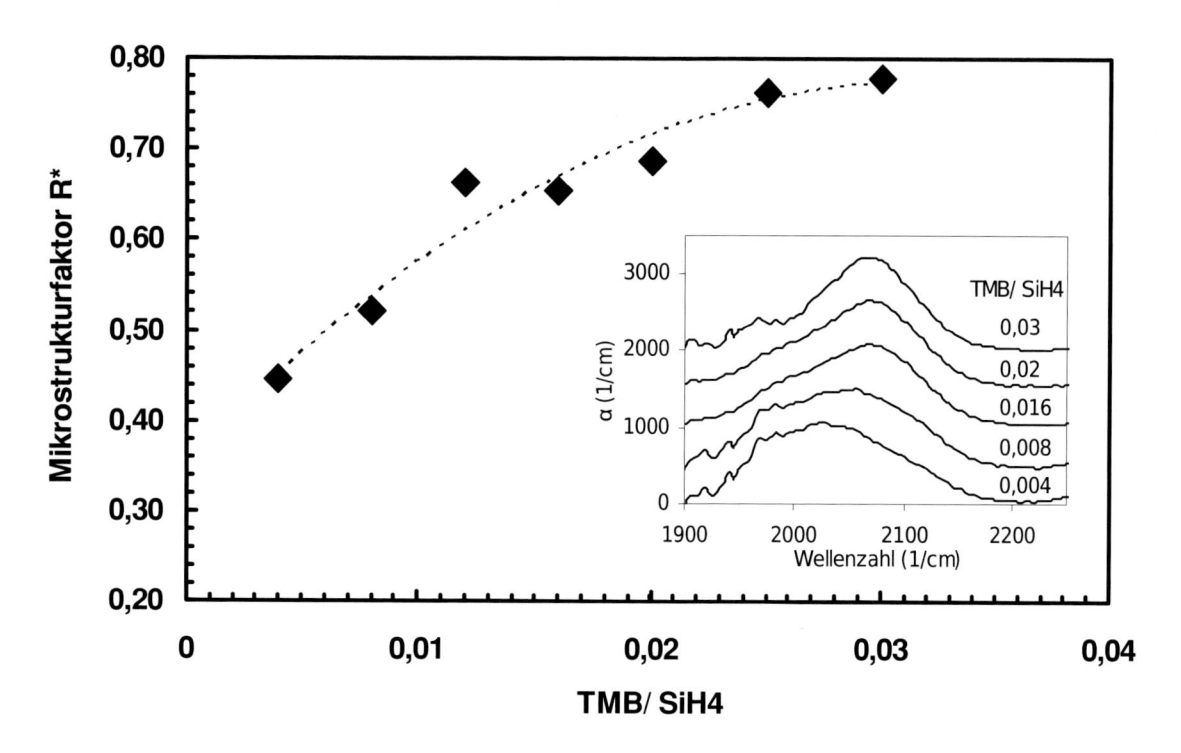

Abbildung 5.7: Mikrostrukturfaktor R* von a-Si:H p-Schichten in Abhängigkeit der TMB-Konzentration in der Gasphase bei der p-Schichtabscheidung. Die eingefügte Abbildung zeigt die Infrarotabsorptionsbanden bei 2000 bzw. 2100 1/cm, aus denen der Mikrostrukturfaktor abgeleitet wird.

0,004 ist die Absorptionsbande bei 2000 /cm dominant gegenüber der Bande bei 2100 /cm. Mit zunehmender TMB-Konzentration wird die Bande bei 2000 /cm schwächer, während die 2100 /cm-Bande dominanter wird. Der Mikrostrukturfaktor steigt damit definitionsgemäß ($R^* = I_{2100}/(I_{2100}+I_{2000})$). Der Mikrostrukturfaktor korreliert stark mit der Dichte der Schichten [131] und sollte daher generell möglichst niedrig sein. Dann ist gewährleistet, dass der in die p-Schichten eingebaute Wasserstoff überwiegend in Si-H-Bindungen ($I_{2000/cm}$) vorliegt und nicht z.B. als Si-H$_2$ ($I_{2100/cm}$) in internen Hohlräumen (Voids) der Schicht gebunden ist. Hohlräume sind für a-Si:H Schichten unerwünscht, da einerseits die nachträgliche Eindiffusion von Sauerstoff durch verbundene Hohlräume zunimmt und zum anderen die Defektdichte mit der Hohlraumanzahl korreliert [126]. Die Struktur der Schichten mit hoher TMB-Konzentration in **Abbildung 5.7** verschlechtert sich also und wird poröser.

Der statische Brechungsindex (n_0) der p-Schichten sinkt mit zunehmendem Verhältnis TMB/ SiH$_4$ (vgl. **Abbildung 5.8**). Dieses Verhalten ist für TMB-dotierte a-Si:H Schichten bekannt und wird mit einem Dichtedefizit für derart dotierte Schichten erklärt. In kombinierten XPS- und Ellipsometriestudien konnte weiterhin ein inhomogenes Wachstum von TMB-dotierten Schichten festgestellt werden [132], was eine Ursache für die strukturelle

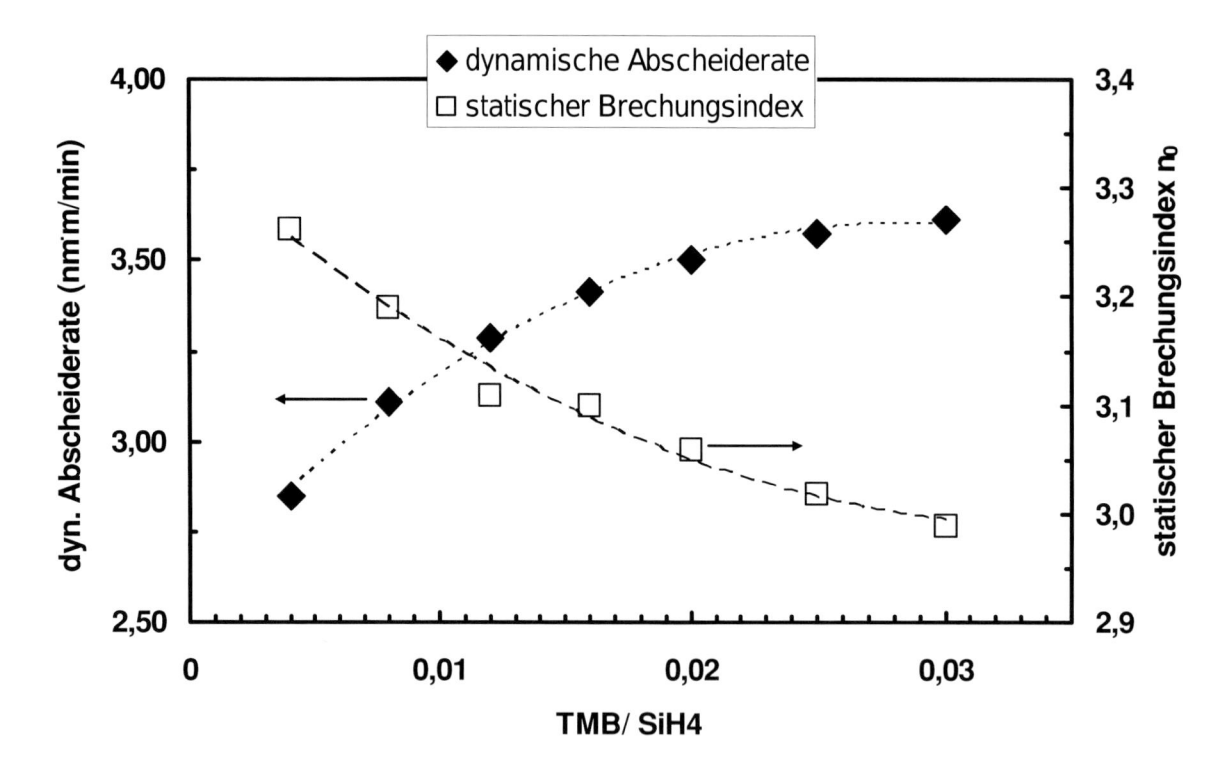

5. Technologieentwicklung dynamisch abgeschiedener Si-Dünnschichtsolarzellen

Abbildung 5.8: dynamische Abscheiderate (schwarze Rauten) und statischer Brechungsindex (offene Quadrate) von p-dotierten a-Si:H Schichten als Funktion des TMB/ SiH$_4$-Verhältnisses in der Gasphase (v = 25 mm/min, 4 Plasmadurchquerungen, Schichtdicke ca. 500 nm, 30 mW/cm²)

Verschlechterung sein kann. Der abnehmende Brechungsindex bestätigt also die Strukturveränderung des Materials bei hoher TMB-Dotierung, wie sie auch aus dem Verlauf des Mikrostrukturfaktors $R*$ abgeleitet wurde (vgl. **Abbildung 5.7**).

Außer den Schichteigenschaften beeinflusst die TMB-Konzentration auch die dynamische Abscheiderate der p-Schichten. So nimmt die dynamische Wachstumsrate mit dem TMB/SiH$_4$ - Verhältnis in der Gasphase zu (vgl. **Abbildung 5.8** - schwarze Rauten). Dieses Verhalten kann mit dem Modell der kationischen Chemisorption für das Schichtwachstum aus hydrogenisierten Ausgangsgasen erklärt werden [133]. Demnach wird der Chemisorptionsprozess auf p-dotierten Oberflächen begünstigt, da ein Elektronentransfer vom adsorbierenden Molekül in das Akzeptorlevel der p-dotierten Oberfläche stattfindet und ein Kation hinterlässt. Der Effekt steigender Abscheiderate mit der TMB-Konzentration musste vor allem bei der Planung der folgenden Solarzellenabscheidung mit sehr dünnen p-Schichten berücksichtigt werden. Zur optimalen Vergleichbarkeit der Ergebnisse muss dazu die p-Schichtdicke bei Variation der TMB-Konzentration konstant gehalten werden.

5.1 Amorphes Silizium

	p (Pa)	P (mW/cm²)	v (mm/min)	j	Q_{ges} (sccm)	SC (%)	TMB/SiH$_4$ (%)	PH$_3$/SiH$_4$ (%)	d nm
p	15	140	500	1	610	16,4	1,2		21
i	30	140	45	2	1000	20,0			300
n	15	140	500	1	570	17,5		1,4	20

Tabelle 5.4: Herstellungsparameter von a-Si:H p-i-n Solarzellen mittels dynamischer VHF-PECVD vor der p-Schichtoptimierung.

5.1.2.2. Feinoptimierung in p-i-n Solarzellen

Die weitere Optimierung der p-Schicht erfolgte direkt im Bauteil Solarzelle. Dazu wurden p-Schichten mit unterschiedlichen Herstellungsparametern in vollständige a-Si:H p-i-n Solarzellen integriert und der Einfluss auf die elektrischen Kenndaten der Zellen untersucht. In **Tabelle 5.4** sind die wichtigsten Herstellungsparameter der a-Si:H Solarzellen vor der p-Schichtoptimierung zusammengefasst.

Aus der Literatur geht hervor, dass die p-dotierte Fensterschicht von a-Si:H Solarzellen mit hohen Wirkungsgraden zumeist sehr dünn abgeschieden wird (ca. 10 nm [134]). Um Schichtdicken unterhalb von 20 nm realisieren zu können, musste in der vorliegenden Arbeit die VHF-Leistung der p-dotierten Schicht reduziert werden (vgl. Abschnitt 5.1.2.1). Die folgenden p-Schichten in a-Si:H Solarzellen wurden daher alle bei 30 mW/cm² VHF-Leistung hergestellt. Die Verringerung der VHF-Leistung selbst hatte bei einer p-Schichtdicke von ca. 21 nm kaum einen Einfluss auf die Solarzellenkenndaten. Lediglich der Füllfaktor war bei verringerter VHF-Leistung während der p-Schichtdeposition geringfügig erhöht. Die Leerlaufspannung der Solarzelle blieb trotz erhöhter Leitfähigkeit der p-Schicht bei niedrigerer Leistung (vgl. **Tabelle 5.3**) konstant bei ca. 0,89 V. Das bedeutet, dass für ausreichend dicke p-Schichten (hier 21 nm) eine Leitfähigkeit von ca. 1,0E-06 S/cm bereits ausreicht, um das volle Potential über der p-i-n Solarzelle auszubilden.

Ein wichtiger Parameter zur Beeinflussung der Solarzelleneffizienz ist die p-Schichtdicke von a-Si:H p-i-n Solarzellen. Eine zu große p-Schichtdicke führt zu Stromverlusten, da in der p-Schicht photogenerierte Ladungsträger aufgrund der dort sehr hohen Rekombinationsrate nicht zum Stromfluss beitragen können. Die hohe Rekombinationsrate in der p-Schicht ist zum einen auf die hohe Ladungsträgerkonzentration (np) auf der lichtzugewandten Seite der Solarzelle zurückzuführen [36]. Zum anderen ist in p-dotiertem a-Si:H die Anzahl an Defekten in der Bandlücke deutlich erhöht [125], was ebenfalls die Rekombinationswahrscheinlichkeit steigert. Wichtig ist des Weiteren auch, dass eine gewisse Mindestdicke

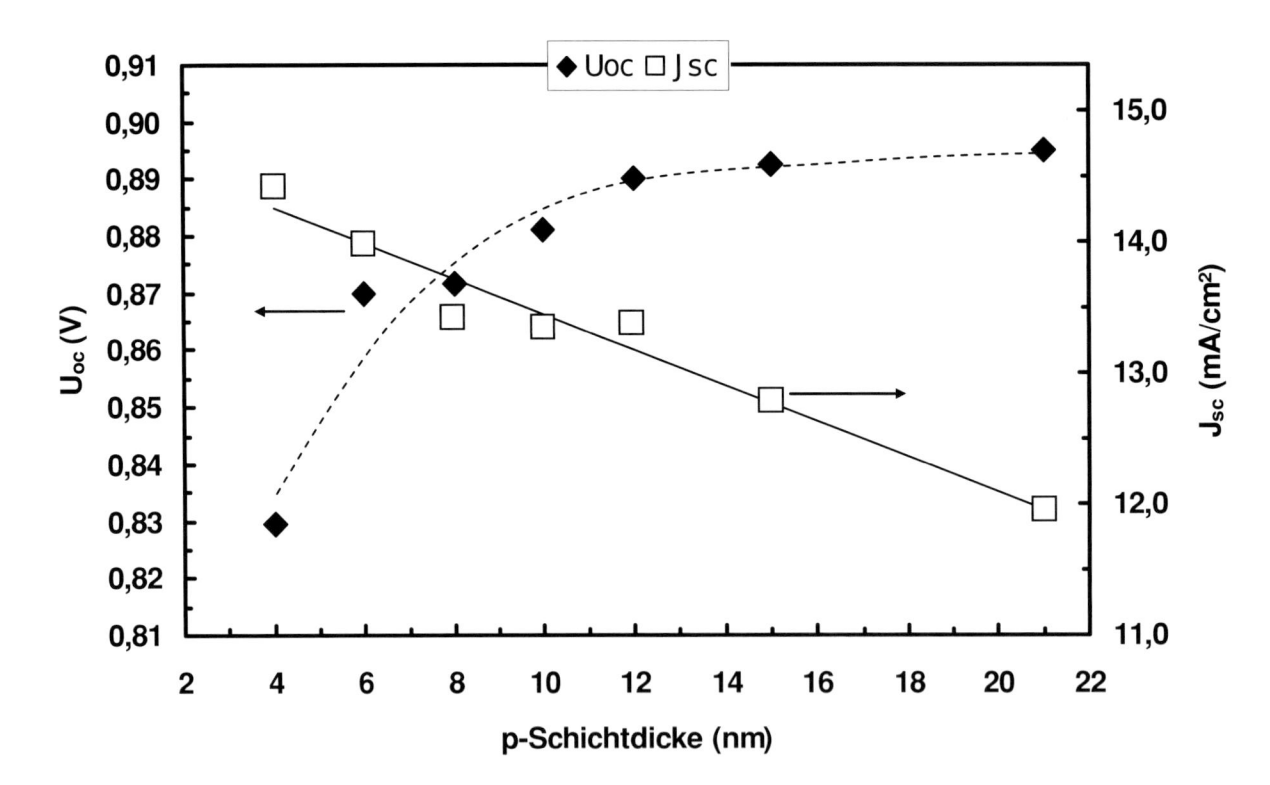

Abbildung 5.9: U_{oc} (schwarze Rauten) und J_{sc} (offene Quadrate) in Abhängigkeit der p-Schichtdicke von a-Si:H p-i-n Solarzellen; weitere Parameter bei der p-Schichtherstellung: v = 100 - 520 mm/min, j = 1, TMB/ SiH$_4$ = 0,9 %

der p-Schicht nicht unterschritten wird, um das elektrische Potential über der Solarzelle voll aufzubauen. Der Hintergrund dafür ist, dass sich am TCO-p-Übergang eine Löcherbarriere aufbaut[1], deren Breite von der p-Schicht zur vollen Potentialausschöpfung überschritten werden muss. Computersimulationen haben gezeigt, dass diese Mindestdicke unter Berücksichtigung von direktem Tunneln der Löchern am TCO-p Übergang ca. 4-9 nm je nach den p-Schichteigenschaften beträgt [135].

Vor der technologischen Optimierung im Rahmen dieser Arbeit betrug die p-Schichtdicke ca. 21 nm. Im Folgenden wurde die p-Schichtdicke der a-Si:H p-i-n Solarzellen stufenweise bis auf 4 nm verringert. Zur Reduzierung der p-Schichtdicke wurde die Durchlaufgeschwindigkeit sukzessive von 100 mm/min auf 520 mm/min erhöht. Alle weiteren Herstellungsparameter wurden konstant gehalten. Zu beachten ist dabei, dass Silankonzentration, Druck und VHF-Leistung bei der i-Schichtabscheidung von den Werten in **Tabelle 5.4** abweichen. Dadurch

---

[1] Das TCO-Material (hier SnO$_2$:F) ist ein entartet n-leitender Halbleiter. Somit ist der TCO-p- Übergang vergleichbar einem p-n Übergang mit einer entsprechenden Raumladungszone (Energiebarriere).

5.1 Amorphes Silizium

ergeben sich in dieser Serie erhöhte Kurzschlussstromdichten im Vergleich zur weiter unten beschriebenen Serie zur Variation der TMB-Konzentration bei der p-Schichtabscheidung. Der Einfluss der Parameter Silankonzentration, Druck und VHF-Leistung bei der i-Schichtdeposition wird in Kapitel 5.1.3 - 5.1.5 näher erläutert. **Abbildung 5.9** zeigt den Einfluss der p-Schichtdicke auf die Kurzschlussstromdichte (J_{sc}) sowie Leerlaufspannung (U_{oc}) von a-Si:H p-i-n Solarzellen. Mit abnehmender p-Schichtdicke steigt die Kurzschlussstromdichte der Solarzellen linear an, was auf die abnehmenden Rekombinationsverluste in der p-Schicht zurückzuführen ist. Die Leerlaufspannung ist bis zu einer p-Schichtdicke von ca. 12 nm nahezu konstant. Bei niedrigeren p-Schichtdicken fällt U_{oc} allmählich ab. Dies zeigt, dass unterhalb von ca. 10 nm p-Schichtdicke nicht mehr das komplette eingebaute Potential über der Solarzelle aufgebaut wird. Daraus folgt, dass die Breite der Löcherbarriere am TCO-p-Übergang für die hier verwendete p-Schicht (κ_D ~ 4,0E-06 S/cm) ca. 10 nm beträgt. Unterhalb von 10 nm p-Schichtdicke übersteigt die Breite der Löcherbarriere die p-Schichtdicke, was zu einem Verlust bei der Leerlaufspannung führt. Die Leerlaufspannung bei optimierter p-Schichtdicke (10 nm) beträgt 0,88 V. Somit kommt U_{oc} hier schon recht nah an das Maximum von einfachen a-Si:H p-i-n Solarzellen heran. Dies soll im Folgenden anhand eines einfachen Modells in Anlehnung an Street [24] gezeigt werden. Die Leerlaufspannung steht in direktem Bezug zum eingebauten Potential U_{bi} der Solarzelle. Über die Bandlücke E_G sowie den Aktivierungsenergien der p- und n-dotierten Schichten der a-Si:H p-i-n Solarzelle (E_{AP}, E_{AN}) kann U_{bi} für den Kurzschlussfall (U = 0 V) wie folgt berechnet werden:

Gleichung 5.4: $\qquad eU_{bi} = E_G - E_{AP} - E_{AN}$

Für realistische Werte (E_G = 1,85 eV, E_{AP} = 0,4 eV, E_{AN} = 0,25 eV) beträgt das eingebaute Potential demnach ca. 1,2 V. Die Leerlaufspannung kann diesen Wert als Obergrenze nicht übersteigen. Weiterhin ist die Leerlaufspannung von a-Si:H p-i-n Solarzellen mit der JU-Charakteristik verknüpft [136]. Unter Beleuchtung bildet sich ein konstant angenommener Photostrom der Größe J_{sc} aus, der dem Diodenvorwärtsstrom J_D entgegen gerichtet ist. Mit steigender, an die Solarzelle angelegter Spannung U, gleicht der Diodenvorwärtsstrom J_D mehr und mehr den Photostrom aus, bis er bei U = U_{oc} den Photostrom vollständig kompensiert. Unter Vernachlässigung von Serien- und Parallelwiderstandseffekten heißt das in erster Näherung:

Gleichung 5.5: $\qquad J_D - J_{sc} = 0$

Der Diodenvorwärtsstrom J_D ergibt sich mit dem Diodenidealitätsfaktor n zur Berücksichtigung von Stromdichteabweichungen von der idealen Diode nach Shockley zu:

Gleichung 5.6: $$J_D = J_0 \cdot \left(\exp\left(\frac{eU}{nkT}\right) - 1 \right)$$

für $U = U_{oc}$ gilt unter Berücksichtigung von Gleichung 5.5 und Gleichung 5.6:

Gleichung 5.7: $$U_{oc} = \frac{nkT}{e} \ln\left(\frac{J_{sc}}{J_0} + 1\right)$$

Bei Raumtemperatur (20 °C), "optimistischen" a-Si:H Diodenparametern (n = 1,4, J_0 = 3,5E-11 mA/cm²) und bei einer Kurzschlussstromdichte von 16 mA/cm² für qualitativ hochwertige a-Si:H Solarzellen ergibt sich nach Gleichung 5.7 ein U_{oc} - Wert von ca. 0,95 V. Dieser Wert der Leerlaufspannung lässt sich für einfache a-Si:H Solarzellen kaum überschreiten, da sich J_0 und n bedingt durch die hohe Defektdichte im amorphen Material nur schwer verbessern lassen. D.h., das eingebaute Potential (ca. 1,2 V) kann bestenfalls zu etwa 80 % ausgeschöpft werden. Somit wird klar, dass die Solarzellen aus **Abbildung 5.9** für p-Schichtdicken von 10 nm mit 0,88 V schon sehr nah an der oberen Grenze angekommen sind.

Das oben beschriebene Modell ist in **Abbildung 5.10** grafisch veranschaulicht. Zur groben Abschätzung der theoretischen Begrenzung von U_{oc} für typische a-Si:H Solarzellen (E_G ca. 1,85 eV) eignet sich dieser vereinfachte Ansatz recht gut. Eine Abschätzung der theoretischen U_{oc}-Obergrenze in Abhängigkeit der Bandlücke des Materials gibt z.B. Shah et al. [137]. In der Praxis ist natürlich die Annahme eines bis zu $U = U_{oc}$ konstanten Photostroms J_{sc} fragwürdig. Bekanntermaßen sinkt der Photostrom mit angelegter Spannung, da das elektrische Feld in der Solarzelle schwächer wird. An der grundsätzlichen Begrenzung der Leerlaufspannung ändert dies jedoch nichts. In der Praxis werden für amorphe Hocheffizienzsolarzellen mit einfachem pn-Übergang U_{oc} - Werte zwischen 0,85 - 0,95 V erreicht [134]. Insbesondere die Obergrenze der Literaturdaten stimmt also gut mit der obigen Abschätzung überein.

Aus den gegenläufigen Kenndatenverläufen von Kurzschlussstromdichte und Leerlaufspannung in **Abbildung 5.9** ergibt sich ein optimaler Solarzellenwirkungsgrad bei einer p-

5.1 Amorphes Silizium

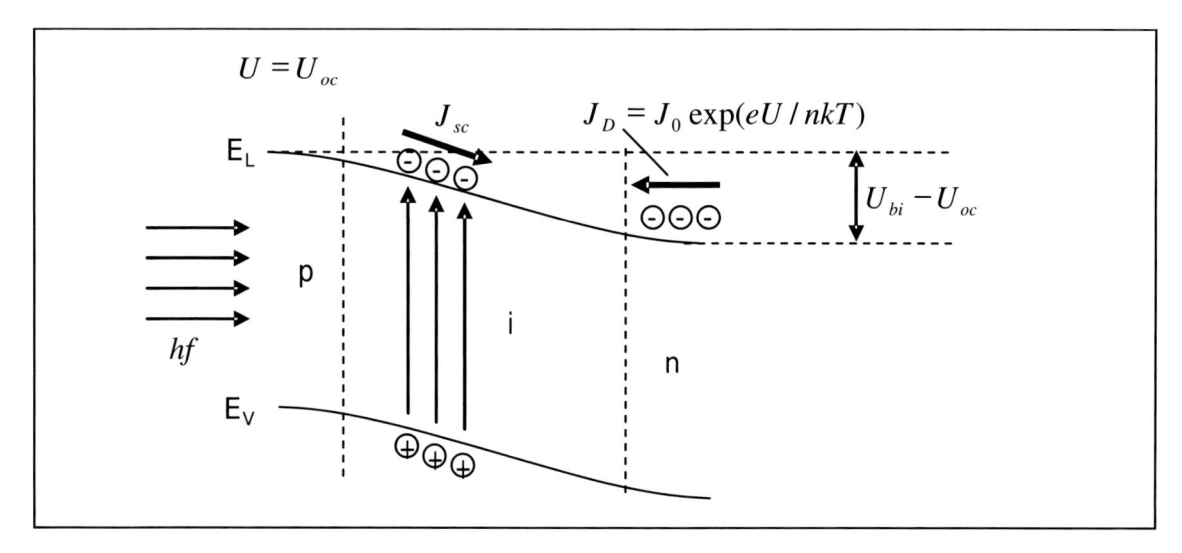

Abbildung 5.10: Grafische Darstellung des vereinfachten Modells zur Abschätzung der Begrenzung der Leerlaufspannung. Der Photostrom J_{sc} gleicht für $U = U_{oc}$ dem Diodenvorwärtsstrom J_D (identische Länge der schwarzen Pfeile).

Schichtdicke von ca. 10 nm. Die Verringerung der p-Schichtdicke von 21 nm auf 10 nm erhöhte die Kurzschlusstromdichte der a-Si:H Einzelsolarzellen in der vorliegenden Arbeit um ca. 1,3 mA/cm².

Ein weiterer entscheidender Parameter zur Beeinflussung der Solarzelleneffizienz ist die Dotierstoffkonzentration der p-Schicht. Die Dotierstoffkonzentration hat direkten Einfluss auf die Leitfähigkeit der p-Schicht (vgl. Abschnitt 5.1.2.1) und damit auf das eingebaute Potential der Solarzelle. Zur Feinoptimierung wurde im Folgenden die TMB-Konzentration der p-Schicht in vollständigen p-i-n Solarzellen von 0,3 % - 3 % variiert. Die p-Schichtdicke betrug bei diesen Versuchen 10 nm. Da die Abscheiderate der p-Schichten von der TMB-Konzentration abhängt, musste die Substratgeschwindigkeit zur Erzielung konstanter p-Schichtdicken von 213 mm/min - 263 mm/min variiert werden. Das Plasma wurde bei allen p-Schichtabscheidungen in dieser Serie genau einmal durchquert. Alle weiteren Herstellungsparameter der Solarzelle (i/ n - Schicht) wurden nicht verändert und entsprachen den Werten aus **Tabelle 5.4**. In **Abbildung 5.11** ist der Einfluss des TMB/ SiH$_4$-Verhältnisses bei der p-Schichtabscheidung auf die a-Si:H Solarzellenkenndaten dargestellt. Der Wirkungsgrad sowie Füllfaktor der amorphen Siliziumsolarzellen zeigen ein Maximum bei einer TMB-Konzentration von ca. 0,9 %. Für TMB-Konzentrationen oberhalb von 0,9 % fällt vor allem der Wirkungsgrad stark ab. Dies liegt daran, dass sowohl der Füllfaktor als auch die Kurzschlussstromdichte J_{sc} abnehmen. Die Leerlaufspannung ist hingegen bei hohen TMB-Konzentrationen nahezu konstant. Nur für sehr niedrige TMB-Konzentrationen nimmt die Leerlaufspannung ab, was auf eine unzureichende p-Dotierung in diesem Bereich

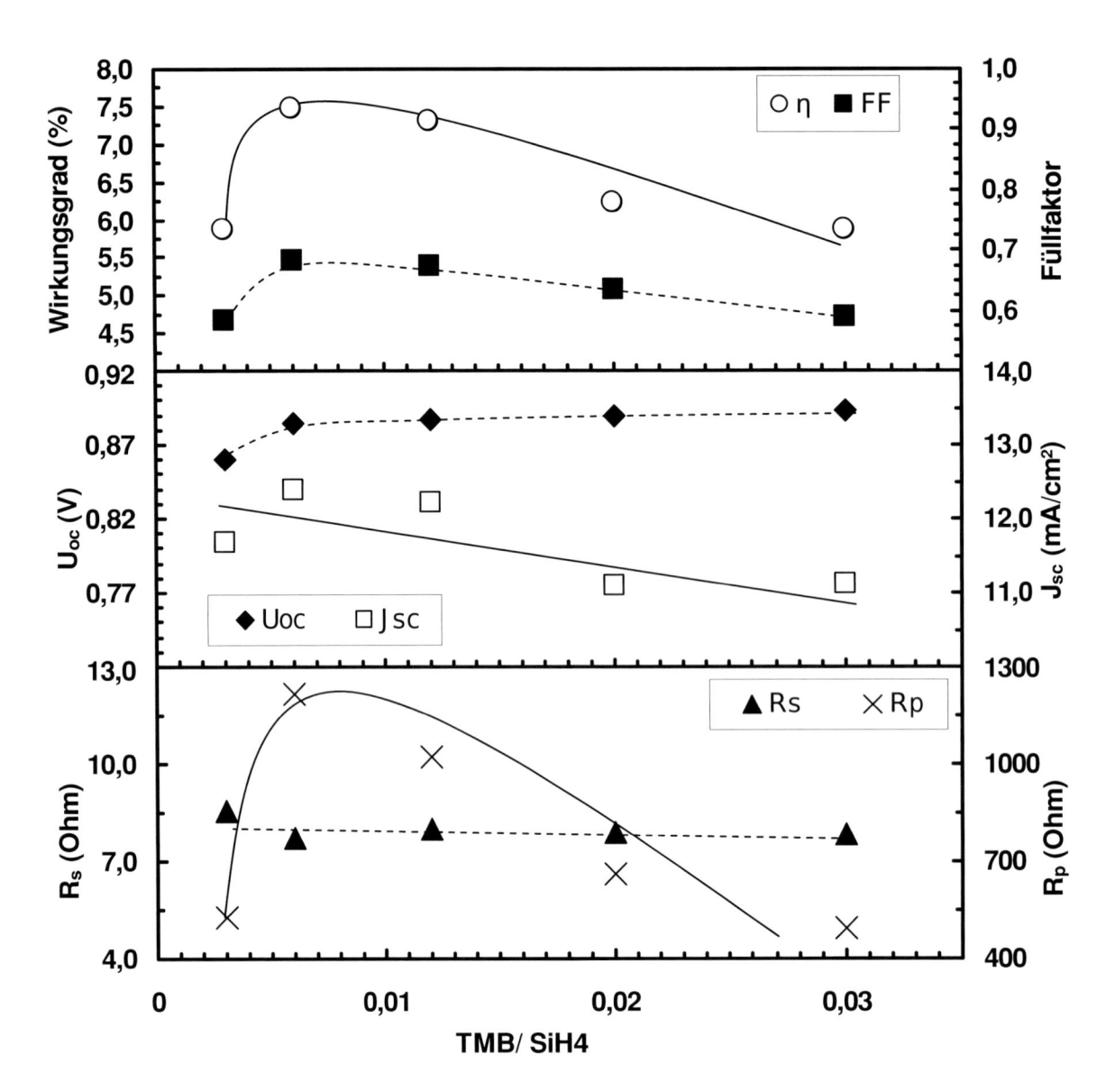

5. Technologieentwicklung dynamisch abgeschiedener Si-Dünnschichtsolarzellen

Abbildung 5.11: Initiale a-Si:H p-i-n Solarzellenkenngrößen in Abhängigkeit der TMB-Dotierstoffkonzentration während der p-Schichtabscheidung; weitere Abscheideparameter der p-Schichten: Dicke 10 nm, v = 213 - 263 mm/min, j = 1, P_{VHF} = 30 mW/cm².

hinweist. Auch der Füllfaktor fällt im Bereich niedriger Dotierung ab. Bei niedrigen TMB-Konzentrationen überlagern somit die sinkenden Kenngrößen Leerlaufspannung und Füllfaktor die steigende Kurzschlussstromdichte, so dass insgesamt auch der Wirkungsgrad steil abfällt. Der Verlauf des Füllfaktors spiegelt sich hier vor allem in den Kenngrößen Serien- und Parallelwiderstand wieder (**Abbildung 5.11** unten). Während der Serienwiderstand im untersuchten TMB-Konzentrationsbereich nahezu unverändert bleibt, fällt der Parallelwiderstand analog zum Füllfaktor für niedrige und hohe TMB-Konzentrationen ab.

5.1 Amorphes Silizium

Im Folgenden werden die Solarzellenkenndaten aus **Abbildung 5.11** mit den strukturellen und elektrischen Eigenschaften der p-dotierten Einzelschichten (vgl. **Abbildung 5.6** sowie **Abbildung 5.7**) in Bezug gesetzt. Die mit der TMB-Konzentration steigende Dunkelleitfähigkeit aus **Abbildung 5.6** ist für die p-i-n Solarzelle nur für den Bereich niedriger TMB-Konzentrationen von Bedeutung. In diesem Bereich verschiebt sich in der p-Schicht mit steigender Leitfähigkeit das Ferminiveau in Richtung Valenzbandkante, so dass das eingebaute Potential und damit die Leerlaufspannung der Solarzelle ansteigt. Da der Dotierungseffizienz in a-Si:H p-Schichten Grenzen gesetzt sind, steigt die Leitfähigkeit bei hoher Dotierung schwächer an, wodurch auch die Leerlaufspannung der Solarzelle in die Sättigung geht. Eine weitere Ursache für die Sättigung von U_{oc} bei hoher Dotierung kann ein aufgrund der steigenden Defektdichte "festgeklemmtes" Ferminiveau in der p-Schicht sein. Der Einfluss der steigenden Dunkelleitfähigkeit in der p-Schicht mit zunehmender TMB-Konzentration auf den Serienwiderstand der Solarzelle kann aufgrund der geringen p-Schichtdicke (10 nm) vernachlässigt werden. Für große TMB-Konzentrationen bei der p-Schichtabscheidung wird weiterhin die strukturelle Qualität der p-Schicht entscheidend. Mit steigender TMB-Konzentration nimmt der Brechungsindex der p-Schichten ab und der Mikrostrukturfaktor R^* nimmt zu (vgl. **Abbildung 5.6** und **Abbildung 5.7**). Beide Strukturparameter weisen also daraufhin, dass das Material mit zunehmender TMB-Konzentration poröser wird und vermehrt Wasserstoff als $Si-H_2$ bzw. $Si-H_x$ in schichtinternen Hohlräumen gebunden ist. Damit einher geht eine zunehmende Defektdichte an den internen Hohlraumoberflächen, die zu einer steigenden Rekombination in der p-Schicht der Solarzelle führt. Die Kurzschlussstromdichte der Solarzelle sinkt daher mit steigender TMB-Konzentration (vgl. **Abbildung 5.11** - Mitte). Ein weiterer Grund für die sinkende Kurzschlussstromdichte kann die Verringerung der optischen Bandlücke der p-Schicht mit steigender Dotierung sein [128, 138]. Daraufhin steigt die Absorption in der p-Schicht, wobei die dort generierten Ladungsträger aufgrund der hohen Defektdichte wiederum durch Rekombination verloren gehen.

Zusammenfassend ist festzustellen, dass die Auswahl der richtigen p-Schichtdicke und TMB-Konzentration von entscheidender Bedeutung für die Effizienz der a-Si:H Solarzelle sind. Weicht die p-Schichtdicke oder TMB-Konzentration nur geringfügig vom Optimum ab, sind große Wirkungsgradverluste zu erwarten. Anzustreben ist generell eine möglichst geringe p-Schichtdicke, ohne dass dabei das eingebaute Potential der Solarzelle herabgesetzt wird. Die TMB-Konzentration sollte ebenfalls so niedrig wie möglich sein, um Absorptions- und Rekombinationsverluste zu vermeiden. Andererseits muss eine gewisse Mindestdotierung zur Erreichung einer hinreichenden Leerlaufspannung eingehalten werden. In Summe konnte in der vorliegenden Arbeit durch die oben beschriebenen p-Schichtveränderungen der Solarzellenwirkungsgrad um ca. 1,6 % (absolut) erhöht werden (vgl. **Abbildung 5.1**). Die deutlichste Steigerung wurde dabei durch die Verringerung der p-Schichtdicke auf 10 nm erreicht (Zuwachs der Kurzschlussstromdichte +1,3 mA/cm²). Die optimierten p-dotierten Einzelschichten weisen einen statischen Brechungsindex von 3,18, eine Dunkelleitfähigkeit von 2,6E-06 S/cm, einen Mikrostrukturfaktor von 55 % sowie eine Tauc-Bandlücke von 1,88 eV auf.

5.1.3. Einfluss der Substrattemperatur

Die nächste technologische Veränderung der a-Si:H Solarzellen betraf die Substrattemperatur während der Herstellung der Einzelschichten. Aufgrund von baulichen Voraussetzungen an der VHF-Durchlaufanlage konnte jeweils nur eine Substrattemperatur für alle Teilschichten der Solarzelle verwendet werden. Vor der Solarzellenoptimierung betrug diese in der Regel 200°C. Es ist anzumerken, dass es sich hierbei quasi um eine angenommene Substrattemperatur handelt[1], da die exakte Substrattemperatur experimentell nur schwer zugänglich ist.

Aus ersten Voruntersuchungen zum Einfluss der Substrattemperatur ging hervor, dass sich eine verringerte Temperatur von 180 °C vorteilhaft auf die a-Si:H Solarzellenkenndaten auswirkt. Temperaturen von größer als 200 °C werden hingegen in der Literatur mit einer Schädigung von a-Si:H p-i-n Solarzellen in Verbindung gebracht [139, 140]. Ursache dafür kann eine Schädigung der p/i-Grenzfläche bei höheren Temperaturen sein [140]. Um detaillierter die generellen Auswirkungen der Substrattemperatur auf die Solarzelleneigenschaften zu untersuchen, wurde die Substrattemperatur fortfolgend im Temperaturbereich von 180°C bis 100°C variiert. Die untere Temperaturbegrenzung von 100°C wurde bewusst recht niedrig gewählt, da sich das dynamische Fertigungsverfahren mit VHF-Linienquellen prinzipiell auch sehr gut für die Beschichtung flexibler Foliensubstrate eignet. Die maximale Temperaturbelastung solcher Substrate darf oftmals nicht viel höher als 100°C liegen. Der Temperatureinfluss wurde ferner für a-Si:H Solarzellen mit zwei unterschiedlichen Parametersetups für die Herstellung der i-Schicht untersucht (Setup 1: i-Schicht: SC 20 %, p = 30 Pa, P = 140 mW/cm²; Setup 2: i-Schicht: SC 40 %, p = 45 Pa, P = 100 mW/cm²). Mit Setup 2 sind insgesamt verbesserte Solarzelleneigenschaften erreicht

---

[1] Als Substrattemperatur wird hier die während des Abscheidungsprozesses gemessene Temperatur auf dem Tunneldeckel der VHF-Durchlaufanlage angenommen. Um eine Angleichung der Substrattemperatur an die Tunneltemperatur zu gewährleisten, wird vor Prozessbeginn eine Stunde in N_2-Atmosphäre vorgeheizt.

5.1 Amorphes Silizium

worden. Weitere Einzelheiten zum Übergang von Setup 1 zu Setup 2 sollen aber erst an späterer Stelle näher erläutert werden (siehe Kapitel 5.1.5). Die Herstellungsparameter der p-Schichten der Solarzellen entsprachen den im vorherigen Abschnitt optimierten Werten (Schichtdicke 10 nm, TMB/ SiH4 = 0,9 %). Alle Teilschichten der Solarzellen wurden des Weiteren dynamisch mit Durchlaufgeschwindigkeiten von 38 mm/min (i-Schicht) bis zu 260 mm/min (p-Schicht) hergestellt.

In **Abbildung 5.12** sind die Solarzellenkenngrößen der a-Si:H Einzelsolarzellen in Abhängigkeit der Substrattemperatur dargestellt. Die Trendlinien im Diagramm dienen lediglich zur besseren optischen Orientierung. Prinzipiell können für Setup 1 und 2 dieselben tendenziellen Verläufe beobachtet werden. Da aus den Erfahrungen mit Setup 1 bereits bekannt war, dass unterhalb von ca. 140 °C die Kenndaten stark abfallen, wurde für das Setup 2 aus Zeitgründen nur der Temperaturbereich von 140 - 180 °C untersucht. Der initiale Wirkungsgrad, Leerlaufspannung sowie Kurzschlussstromdichte zeigen ein Maximum bei einer Temperatur von ca. 150 °C. Unterhalb von 150 °C Substrattemperatur fallen alle Kenndaten deutlich ab. Den stärksten Einfluss auf den Abfall des Wirkungsgrades in diesem Temperaturbereich hat dabei vor allem der stark sinkende Füllfaktor, gefolgt von der abnehmenden Kurzschlussstromdichte und Leerlaufspannung. Der sinkende Füllfaktor korreliert dabei insbesondere mit einem zunehmenden Serienwiderstand in der Solarzellenstruktur. Bei Substrattemperaturen oberhalb von 150 °C ist lediglich ein seichter Abfall der Solarzellenkenndaten U_{oc}, J_{sc}, sowie η zu beobachten. In diesem Temperaturbereich bleibt der Füllfaktor annäherungsweise konstant.

Im Folgenden werden die beobachteten Zusammenhänge bei Variation der Substrattemperatur diskutiert. Ein wesentlicher Effekt, der bei der Verringerung der Substrattemperatur auftritt, ist die Aufweitung der optischen Bandlücke der Siliziumschichten [138, 141, 142]. Eine mögliche Ursache für die Gapaufweitung bei reduzierter Substrattemperatur kann der erhöhte Wasserstoffgehalt dieser Schichten sein [142, 143]. Die Vergrößerung der Bandlücke führt im Bauteil Solarzelle zu einer steigenden Leerlaufspannung. Gleichzeitig zur Gapaufweitung sinkt in der p-Schicht bei verringerter Substrattemperatur die Dunkelleitfähigkeit [141]. In der Solarzelle kommt es dadurch zu einer sinkenden Leerlaufspannung (vgl. **Abbildung 5.12** unten - Temperaturbereich < 140 °C), da sich das Ferminiveau in der p-Schicht in Richtung Bandlückenmitte verschiebt. Im oberen Temperaturbereich überlagert jedoch der Effekt der Gapaufweitung die sinkende Dunkelleitfähigkeit, so dass die Leerlaufspannung bei Reduktion der Substrattemperatur von 180 °C auf 140 °C insgesamt ansteigt.

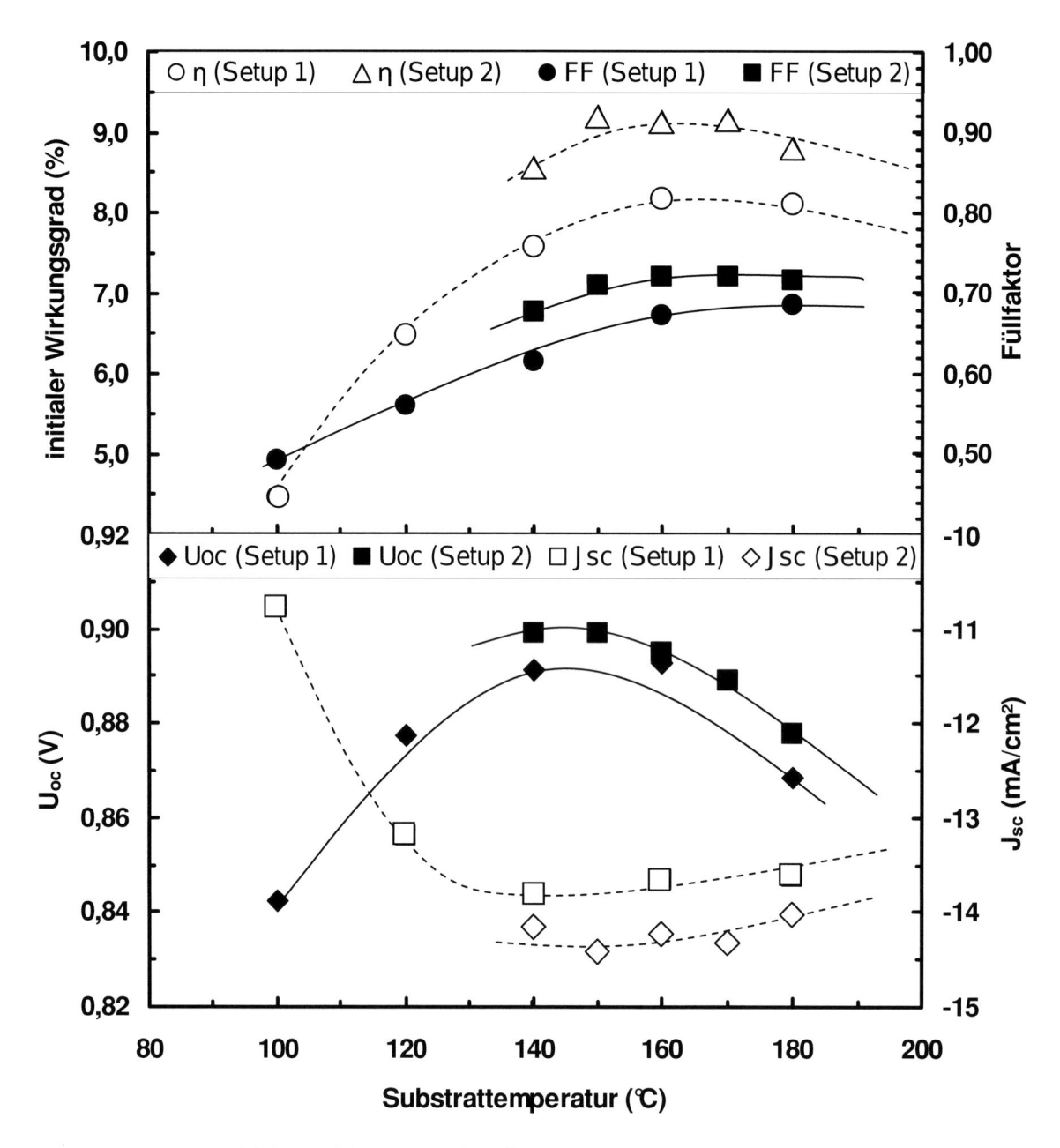

Abbildung 5.12: Initialer Wirkungsgrad (offene Dreiecke bzw. Kreise), Füllfaktor (gefüllte Quadrate bzw. Kreise), U_{oc} (gefüllte Rauten bzw. Quadrate), und J_{sc} (offene Quadrate bzw. Rauten) als Funktion der Substrattemperatur. Setup 1: i-Schicht: SC 20 %, p = 30 Pa, P = 140 mW/cm²; Setup 2: i-Schicht: SC 40 %, p = 45 Pa, P = 100 mW/cm²

Weiterhin beeinflusst die Substrattemperatur die Defektdichte des Materials. Matsuda findet eine minimale Defektdichte von intrinsischen amorphen Siliziumschichten bei einer Substrattemperatur von ca. 250 °C [27]. Bei niedrigeren Temperaturen sinkt die Diffusion des SiH_3-Precursors auf der Wachstumsoberfläche, wodurch offene Bindungsarme (Dangling-Bonds) nicht mehr ausreichend abgesättigt werden können. Bei zu hohen Substrattemperaturen kommt es hingegen auf der Wachstumsoberfläche zur Desorption von

5.1 Amorphes Silizium

Wasserstoff, wobei durch diesen Prozess wiederum vermehrt offene Bindungsarme zurück bleiben. In der Solarzelle ist zu erwarten, dass bei minimaler Defektdichte (ca. 250 °C) größere Stromdichten erreicht werden können, da die Rekombinationswahrscheinlichkeit in der i-Schicht der Solarzelle für diesen Fall sinkt. Entgegen der Erwartung liegt das Optimum der Kurzschlussstromdichte in der vorliegenden Arbeit jedoch bei ca. 150 °C (vgl. **Abbildung 5.12**). Eine Erklärung dafür wäre, dass die erhöhte Bandlücke der p-Schicht bei reduzierter Substrattemperatur eine verbesserte Lichteinkopplung in die Solarzelle ermöglicht. Allerdings betrifft die Vergrößerung der Bandlücke mit abnehmender Substrattemperatur auch die i-Schicht der Solarzelle, wodurch wiederum eine niedrigere Stromausbeute zu erwarten wäre.

Nicht auszuschließen ist daher ein spezifischer Einfluss des Heizungssystems der VHF-Durchlaufanlage auf den Kenndatenverlauf in Abhängigkeit der Substrattemperatur. Bei allen durchgeführten Versuchen war die VHF-Elektrodentemperatur auf 150 °C begrenzt, so dass für Temperaturen oberhalb von 150 °C ausschließlich die Temperatur im Tunnel der Durchlaufanlage variiert werden konnte. Die Substrate auf dem Carrier bewegen sich beim i-Schichtprozess mehrfach unter der VHF-Elektrode hindurch bis in den stärker geheizten Tunnelbereich. Somit durchfahren die Substrate einen Temperaturgradienten wenn der umgebende Carriertunnel beispielsweise auf 180 °C geheizt ist. Möglicherweise kommt es dadurch bei Temperaturen oberhalb von 150°C bedingt durch thermischen Stress zum Einbau von Defekten in die Schichten, die die Stromausbeute der Solarzellen begrenzen. Diese Vermutung gewinnt an Relevanz, da einige Literaturquellen darauf hinweisen, dass es für deutlich über 150 °C hinaus steigende Substrattemperaturen noch zu einem Anstieg der Kurzschlussstromdichte kommt [144 - 146].

Wichtig ist bei amorphen Solarzellen des Weiteren das Alterungsverhalten unter mehrstündiger Beleuchtung. **Abbildung 5.13** zeigt die Degradation des Wirkungsgrades der a-Si:H Einzelsolarzellen in Abhängigkeit der Substrattemperatur für Setup 1 als auch Setup 2. Der stabilisierte Wirkungsgrad ist von 180 °C bis zu 150 °C für beide Setups in etwa konstant und fällt bei Setup 1 erst für kleinere Temperaturen stark ab. Aufgrund des leicht erhöhten initialen Wirkungsgrades bei mittleren Substrattemperaturen (150 °C) ist die relative Alterung eine zunehmende Funktion mit abnehmender Substrattemperatur. Bei sehr niedrigen Substrattemperaturen (100 °C) altert der Wirkungsgrad stark mit bis zu 41 % relativ, während bei 180 °C eine geringere Abnahme des Wirkungsgrades nach lichtinduzierter Alterung von ca. 25 % beobachtet werden kann. Aus der Literatur ist bekannt, dass bei Temperaturen bis zu über 200 °C der Mikrostrukturfaktor von amorphen Siliziumschichten abnimmt [147]. Dieser wiederum korreliert positiv mit der Defektdichte

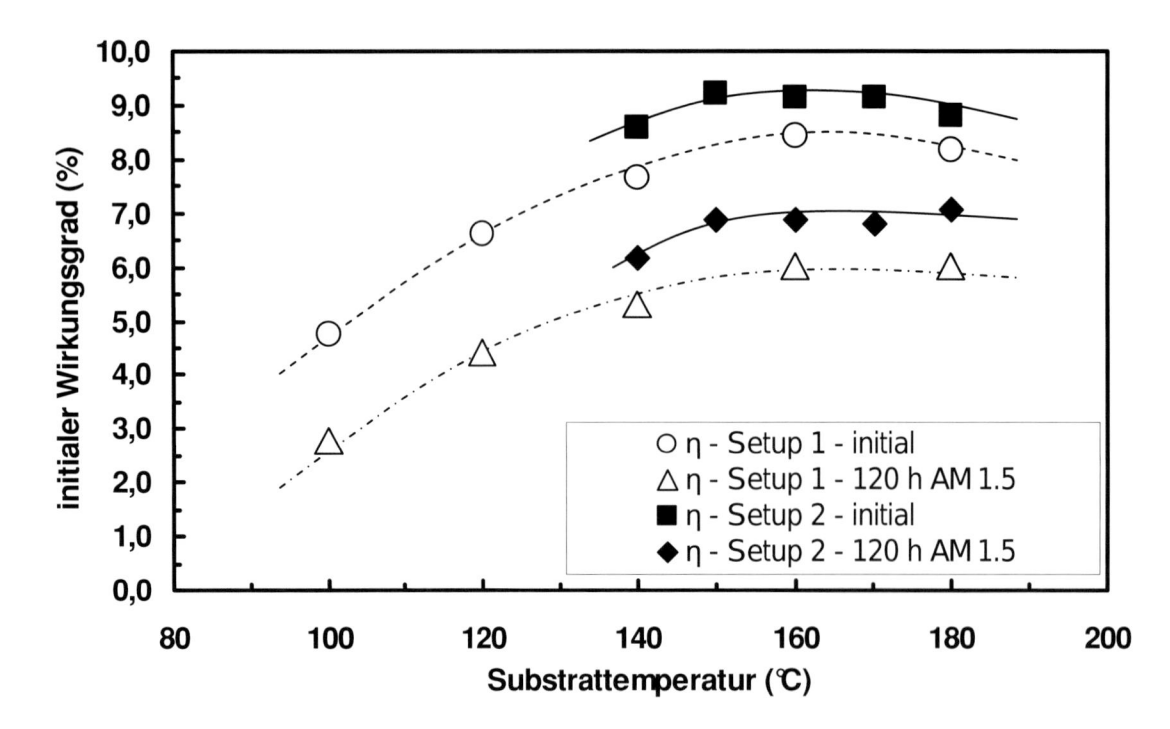

5. Technologieentwicklung dynamisch abgeschiedener Si-Dünnschichtsolarzellen

Abbildung 5.13: Initialer und stabilisierter Wirkungsgrad von a-Si:H Einzelsolarzellen für verschiedene Setups (Setup 1: offene Kreise bzw. Dreiecke; Setup 2: geschlossene Quadrate bzw. Rauten) in Abhängigkeit der Substrattemperatur bei einer Beleuchtungsdauer von ca. 120 h (AM 1.5)

nach Lichtalterung [131], so dass für Solarzellen, hergestellt bei hohen Temperaturen, eine Verringerung der lichtinduzierten Degradation zu erwarten ist. Dies ist in der Tat in der vorliegenden Arbeit der Fall. Der stabilisierte Wirkungsgrad kann jedoch aufgrund des sinkenden initialen Wirkungsgrades oberhalb von 150 °C nicht weiter erhöht werden. Nähere Einzelheiten zum Thema der lichtinduzierten Alterung von amorphen Silizium-Dünnschichtsolarzellen werden in Kapitel 5.1.7 behandelt.

Ausgehend vom Anfangszustand (200 °C) hin zur optimaleren Temperatur bei 150 °C verbesserten sich wie oben beschrieben vor allem die Kurzschlussstromdichte (+ 0,7 mA/cm^2) sowie die Leerlaufspannung (+ 40 mV). Der initiale Wirkungsgrad konnte dadurch um etwa 0,8 % (absolut) gesteigert werden (vgl. **Abbildung 5.1**).

5.1.4. Einfluss der Silankonzentration

Die Silankonzentration definiert das Mischungsverhältnis der Prozessgase Silan und Wasserstoff bei der plasmachemischen Gasphasenabscheidung von Siliziumdünnschichten. Ist die Silankonzentration niedrig, so liegt ein Wasserstoffüberschuss im Plasma vor. Erstmals berichtete Guha et al. über eine verbesserte Stabilität von a-Si:H gegenüber

5.1 Amorphes Silizium

lichtinduzierter Degradation, wenn die Schichten mit zusätzlicher Wasserstoffverdünnung des Prozessgases Silan hergestellt werden [148]. Die Ursachen für diesen Effekt sind bereits zahlreich untersucht worden. Vor allem führt der Überschusswasserstoff im Plasma zu einer veränderten Gitterstruktur der Schichten mit verbesserter Nahordnung [149]. Verschiedene Modelle wurden dabei zur Erklärung dieses Phänomens herangezogen. Im Oberflächendiffusionsmodell [29] wird zum Beispiel davon ausgegangen, dass der zusätzliche Wasserstoff im Plasma zur vollständigeren Bedeckung der Wachstumsoberfläche mit Wasserstoff führt. Dadurch steigt die Oberflächendiffusion der schichtbildenden Spezies, die sich an energetisch günstigeren Plätzen in die Schicht einbauen. Somit steigt die Ordnung im Material. Ein weiteres Modell setzt bei der ätzenden Wirkung des zusätzlichen Wasserstoffs an [30]. Schwach gebundene Siliziumatome an der Oberfläche werden vom Wasserstoff effektiver geätzt, wodurch das besser geordnete Material zurückbleibt. Ein drittes Modell besagt letztlich, dass eine strukturelle Relaxation der amorphen Phase erfolgt, da der Überschusswasserstoff dicht unter die Wachstumsoberfläche eindringt und dort zu einer Umordnung des Materials führen kann [31].

Im Folgenden wurde der Einfluss der Silankonzentration bei der Herstellung der i-Schicht von amorphen Siliziumsolarzellen untersucht. Vor der Optimierung betrug die Silankonzentration bei der i-Schichtdeposition 20 % und wurde jetzt von 15 - 45 % variiert. Die übrigen Parameter wurden konstant gehalten (Prozessdruck 45 Pa, VHF-Leistung 100 mW/cm²). Die p- und n-Schichten der Zellen wurden dynamisch mit zuvor entwickelten Standardparametern hergestellt. Die i-Schichtdicke betrug in dieser Serie ca. 300 nm. **Abbildung 5.14** zeigt den Einfluss der Silankonzentration auf die wichtigsten Solarzellenkenndaten η, FF, U_{oc} und J_{sc}. Mit zunehmender Silankonzentration steigt vor allem die Kurzschlussstromdichte und der initiale Wirkungsgrad stark an, während die Leerlaufspannung geringfügig abnimmt. Beim Füllfaktor ist mit zunehmender Silankonzentration eine geringe Zunahme zu beobachten, die vor allem mit einem leicht abnehmenden Serienwiderstand korreliert.

Die mit sinkender Silankonzentration (steigende H_2-Verdünnung) zunehmende Leerlaufspannung kann zum einen durch die steigende optische Bandlücke der i-Schicht erklärt werden [142, 146, 150]. Zum anderen wird mit steigender H_2-Verdünnung mittels Kapazitätsprofilmessungen (DLCP) eine sinkende Defektdichte von a-Si:H Schichten beobachtet [151]. Dies führt in der Solarzelle zu einem sinkenden Rekombinationsstrom in Vorwärtsrichtung, wodurch der entgegen gerichtete Photostrom erst bei höherer abgegriffener Spannung vom Diodenvorwärtsstrom kompensiert wird. Die Leerlaufspannung steigt dadurch. Die Kurzschlussstromdichte korreliert wiederum mit der optischen Bandlücke.

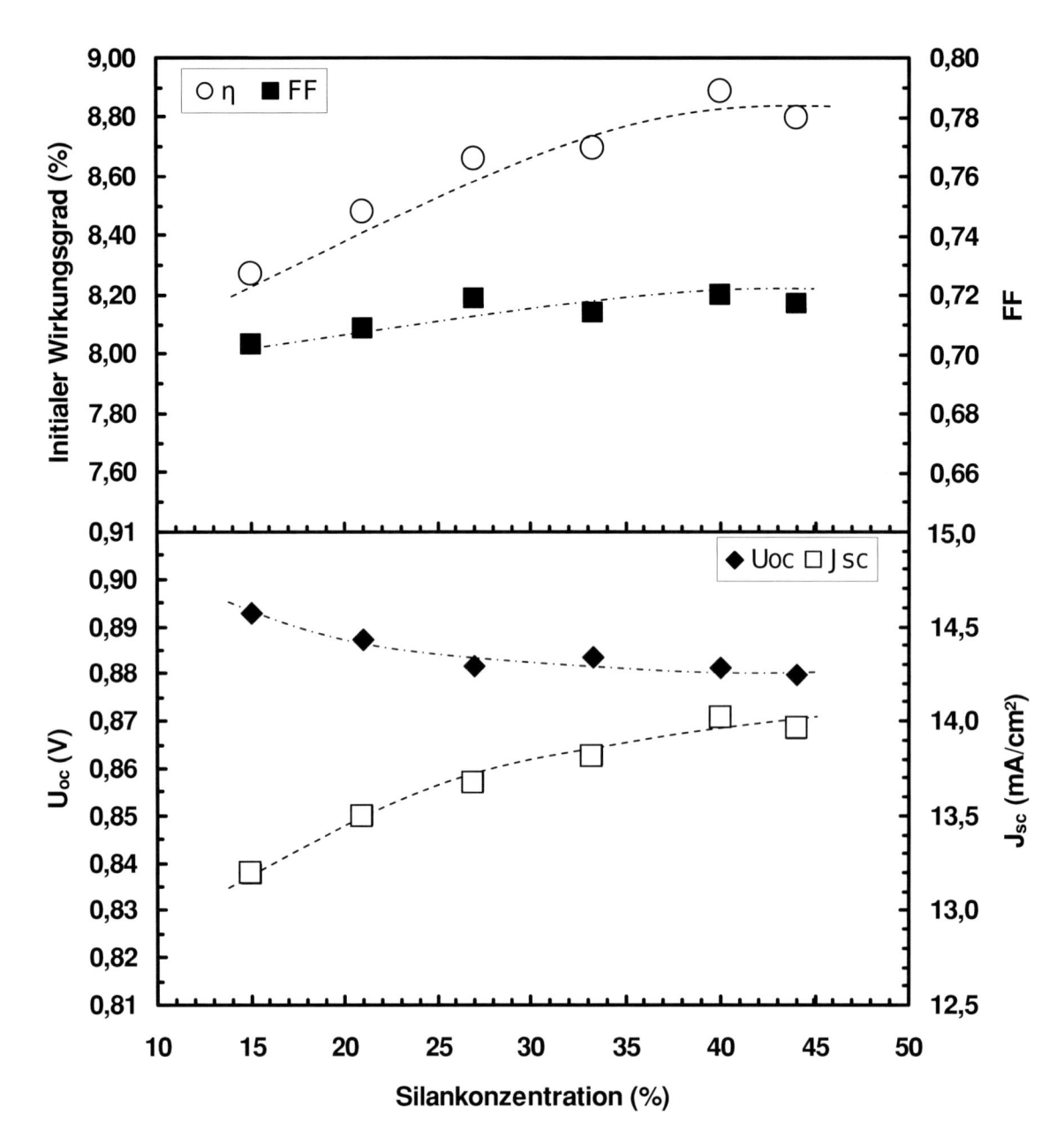

5. Technologieentwicklung dynamisch abgeschiedener Si-Dünnschichtsolarzellen

Abbildung 5.14: Einfluss der Silankonzentration (i-Schicht) auf die a-Si:H Solarzellenkenndaten Wirkungsgrad (offene Kreise), Füllfaktor (schwarze Quadrate), Leerlaufspannung (schwarze Rauten) sowie Kurzschlussstromdichte (offene Quadrate)

Die Zunahme von J_{sc} mit steigender Silankonzentration (sinkende H_2-Verdünnung) ist direkte Folge der sinkenden Bandlücke wodurch sich die Absorption in der i-Schicht erhöht. Die Veränderung der Bandlücke mit der Silankonzentration ist in diesem Fall jedoch keine Folge eines veränderten Wasserstoffeinbaus, da dieser im hier untersuchten Bereich mehrheitlich als unabhängig von der Silankonzentration identifiziert wurde [152, 153]. Vielmehr ist die verschlechterte strukturelle Ordnung der Schichten bei hoher Silankonzentration für die Abnahme der Bandlücke verantwortlich [154].

5.1 Amorphes Silizium

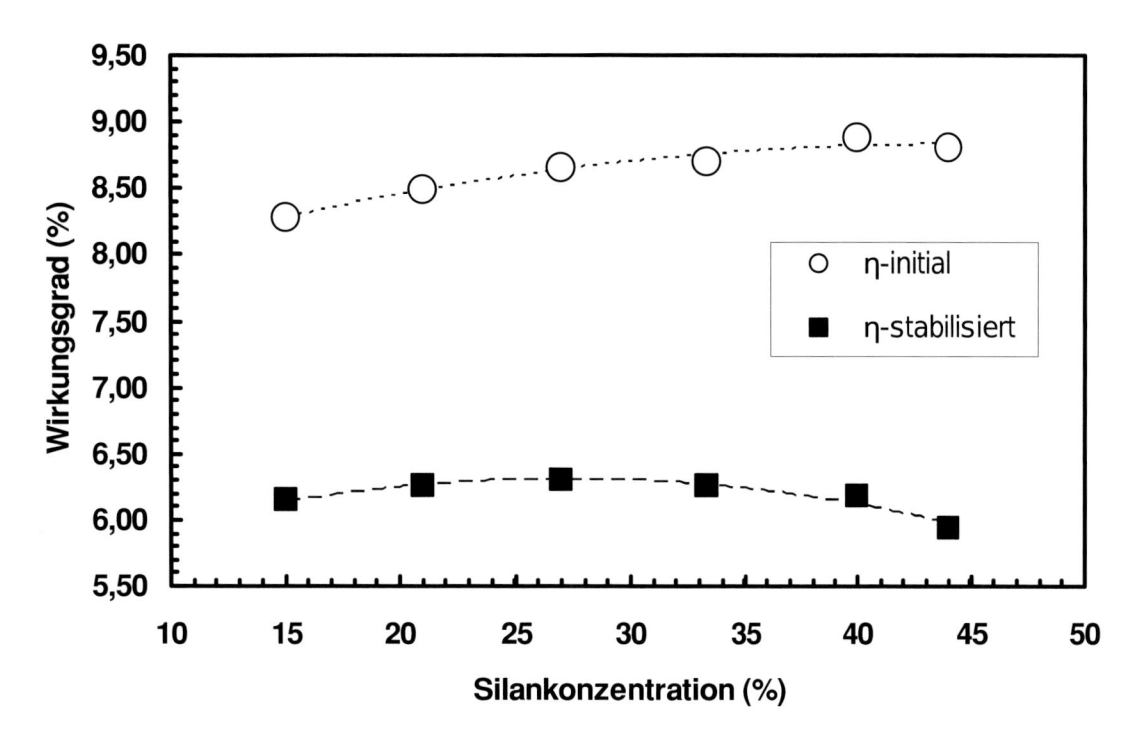

Abbildung 5.15: Initialer (offene Kreise) und stabilisierter Wirkungsgrad (schwarze Quadrate) von a-Si:H Einzelsolarzellen in Abhängigkeit der Silankonzentration (Beleuchtungsdauer ca. 1000 h AM 1.5).

Die Stabilität der a-Si:H Solarzellen in Abhängigkeit der Silankonzentration zeigt **Abbildung 5.15**. Wie erwartet sinkt die relative Alterung bei Beleuchtung mit abnehmender Silankonzentration (steigende H_2-Verdünnung). So beträgt die relative Alterung bei einer Silankonzentration von 45 % über 30 % und sinkt bei 15 % Silankonzentration auf ca. 25 %. Die Solarzellen zeigen also erwartungsgemäß bei hoher H_2-Verdünnung eine erhöhte Stabilität gegenüber lichtinduzierter Degradation. Da mit steigender H_2-Verdünnung auch die Abscheiderate leicht abnimmt, kann eine geringfügige Wechselwirkung von Silankonzentration und Abscheiderate auf die lichtinduzierte Alterung nicht ganz ausgeschlossen werden, da auch die Abscheiderate einen Einfluss auf das Degradationsverhalten hat. Die generell etwas hohen Degradationswerte von > 25 % sind Folge der erhöhten i-Schichtdicke und Abscheiderate. Für weitere Details zur lichtinduzierten Alterung wird erneut auf Kapitel 5.1.7 verwiesen. Die maximalen stabilisierten Wirkungsgrade konnten bei ca. 30 % Silankonzentration erzielt werden. Dieses Optimum stellt einen Kompromiss aus verminderter Degradation bei geringerer Silankonzentration sowie erhöhtem Anfangswirkungsgrad bei höherer Silankonzentration (hauptsächlich bedingt durch die höhere Kurzschlussstromdichte) dar.

Durch die Optimierung der Silankonzentration von 20 % auf 30 % konnte im Wesentlichen die Kurzschlussstromdichte um ca. 0,5 mA/cm² verbessert werden. Der initiale Wirkungsgrad erhöhte sich dadurch um ca. 0,35 % (vgl. **Abbildung 5.1**).

5.1.5. Weitere Technologische Veränderungen

Wie bereits weiter oben angedeutet, gab es zusätzliche kleine Veränderungen der a-Si:H Solarzellentechnologie die zu einer Verbesserung des initialen Wirkungsgrades führten. Da die Auswirkungen dieser Änderungen im Einzelnen eher gering und nicht immer ganz so eindeutig wie bei oben beschriebenen Technologievariationen waren, werden diese hier nur kurz beschrieben. Folgende Veränderungen führten zu verbesserten Solarzellen-eigenschaften:

- Einfügen einer Pufferschicht zwischen p- und i-Schicht
- Verbesserung der n-dotierten Schicht
- Erhöhung des Prozessdruckes bei der i-Schichtdeposition

Die Pufferschicht wurde in der vorliegenden Arbeit ca. 5 nm dick in der p-Kammer bei niedriger VHF-Leistung und ohne zusätzliche TMB-Zugabe abgeschieden. Die Kurzschluss-stromdichte konnte dadurch geringfügig erhöht werden. In anderen Arbeiten wird oftmals versucht, durch eine Pufferschicht mit hohem Bandabstand die Leerlaufspannung zu erhöhen [86]. Dies war hier explizit nicht die Zielsetzung. Die dünne p/i-Zwischenschicht diente hier lediglich zur Defektkompensation am p/i-Übergang. Dies gelingt durch die marginale p-Restdotierung in der Zwischenschicht, wodurch negativ geladene Akzeptoren (A^-) die positiv geladenen Defekte (D^+) kompensieren. Dadurch erhöht sich das elektrische Feld in der Mitte der Solarzelle, wodurch die Ladungsträger besser separiert werden können.

Die Dunkelleitfähigkeit der n-dotierten Schicht der a-Si:H Solarzelle konnte des Weiteren um etwa eine Größenordung auf ca. 8,0E-03 S/cm verbessert werden. Die wesentlichen Parameter waren dabei die Verringerung der VHF-Leistung und der Dotierstoffkonzentration (PH_3/SiH_4). In der Solarzelle muss für die n-Schicht eine gewisse Mindestschichtdicke von etwa 10 nm und eine Mindestdotierstoffkonzentration von ca. 0,5 % eingehalten wurde. Andernfalls fallen die Solarzellenkenndaten deutlich ab.

Der Einfluss des Prozessdruckes bei der i-Schichtabscheidung von a-Si:H p-i-n Solarzellen wurde im Bereich von 15 - 100 Pa untersucht. Dabei konnte mit steigendem Druck vor allem eine Verbesserung des Füllfaktors der Solarzellen beobachtet werden. Allerdings steigt die Streuung der Solarzellenparameter ab einem Druck von etwa 50 Pa stark an, so dass

5.1 Amorphes Silizium

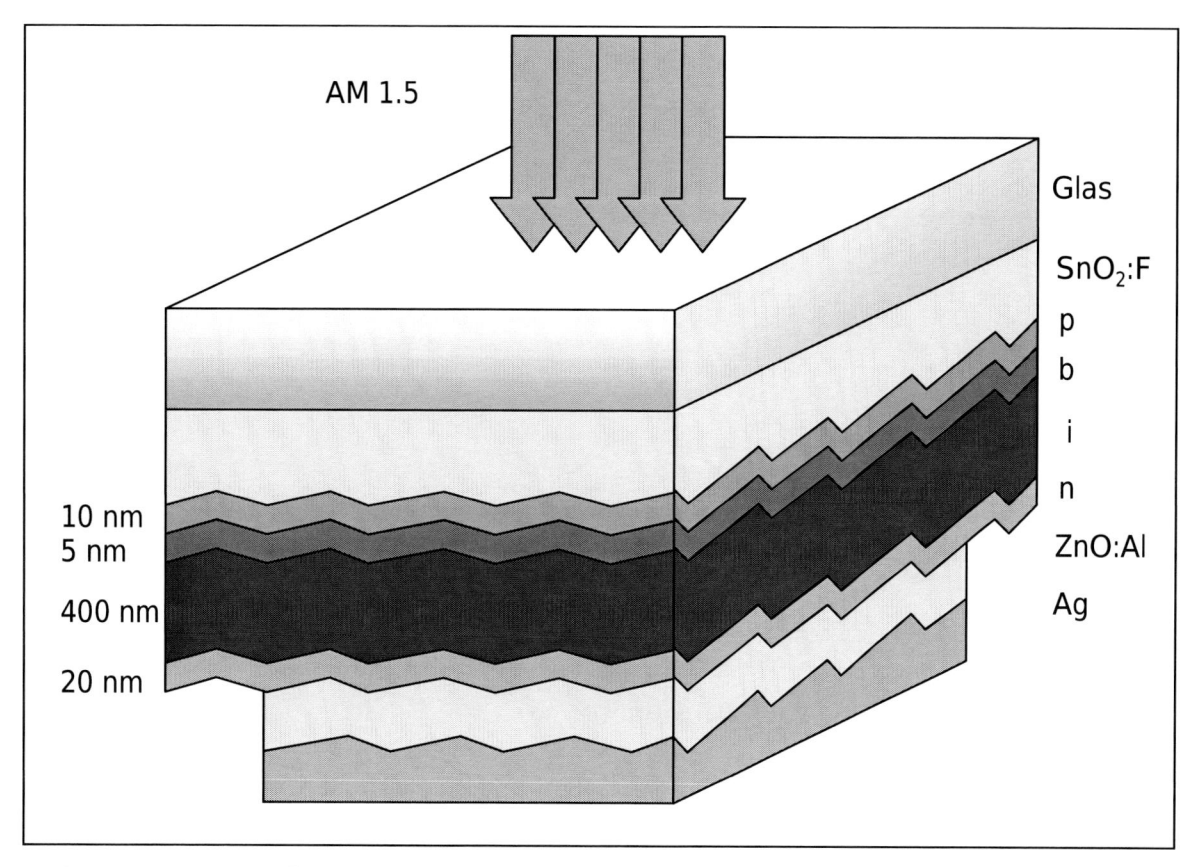

Abbildung 5.16: Aufbau der dynamisch hergestellten, optimierten a-Si:H Einzelsolarzelle mit ZnO/Ag-Rückkontakt unter AM 1.5 Beleuchtung (graue Pfeile) durch das Glassubstrat.

zumeist auf eine Erhöhung des Druckes über diesen Wert hinaus verzichtet wurde. Es wird angenommen, dass ab diesem Grenzdruck die Neigung zur Pulverbildung im Plasma zunimmt [155, 156]. Bauen sich so generierte Partikel in die Schichten ein, steigt demzufolge die Wahrscheinlichkeit, dass einige Solarzellen durch Nebenschlüsse beeinträchtigt werden. Durch eine veränderte Reaktorgeometrie können solche Limitierungen überwunden werden.

Durch die soeben beschriebenen Technologievariationen ist eine Wirkungsgradsteigerung von ca. 0,2 % absolut erzielt worden. Somit konnten nach der stufenweisen Optimierung der amorphen Si-Solarzellen initiale Wirkungsgrade von > 10 % erreicht werden (vgl. **Abbildung 5.1**). Damit ist eine große Verbesserung der a-Si:H Technologie mit dynamischer Abscheidung im Vergleich zum Ausgangszustand erzielt worden. Im nächsten Abschnitt werden die Eigenschaften dieses Optimierungsstandes näher beleuchtet.

5.1.6. Eigenschaften optimierter amorpher p-i-n Solarzellen

Die optimierten a-Si:H Einzelsolarzellen beinhalten alle oben beschriebenen Technologieverbesserungen (z.B. ZnO/Ag-Rückkontakt, texturiertes, vorgereinigtes SnO_2:F Substrat, 10 nm dicke p-Schicht, 5 nm dicke Pufferschicht, Substrattemperatur: 150 °C, Silankonzentration i-Schicht: 30 %). Den Aufbau dieser Solarzellen zeigt **Abbildung 5.16**. Alle

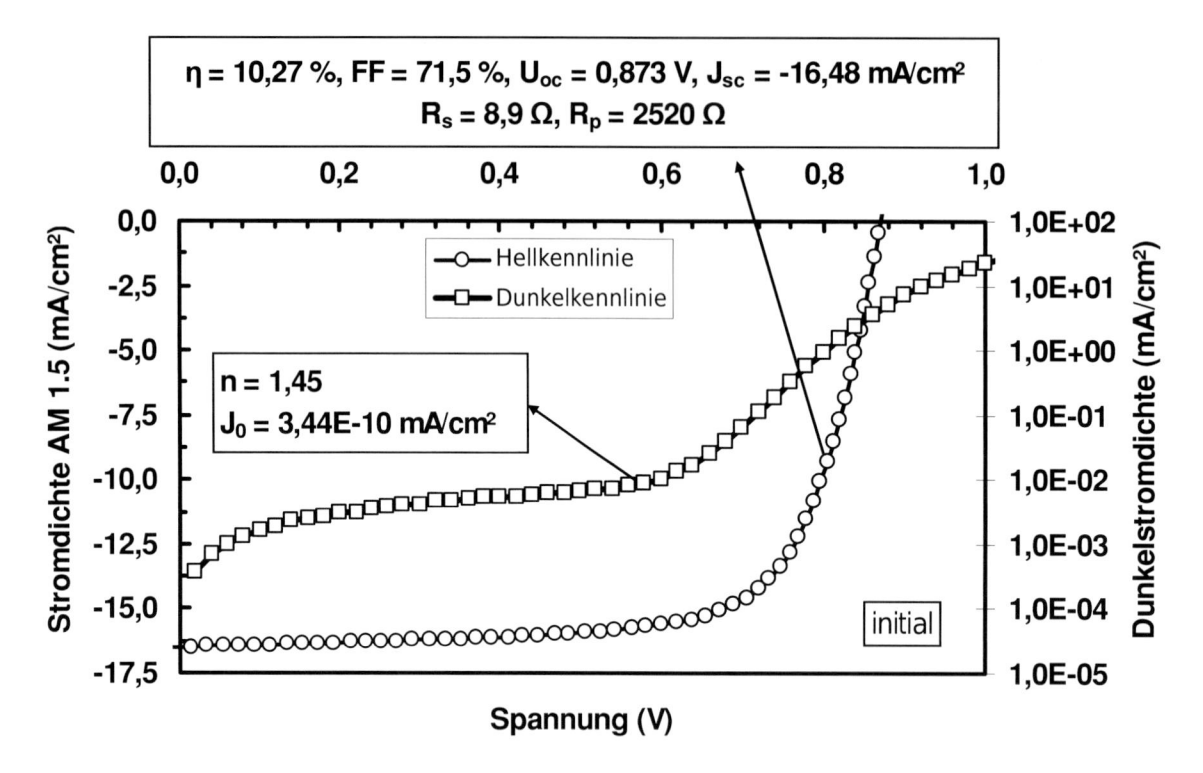

5. Technologieentwicklung dynamisch abgeschiedener Si-Dünnschichtsolarzellen

Abbildung 5.17: *J/U*-Kennlinie unter AM 1.5 Beleuchtung (offene Kreise) sowie Dunkelkennlinie (offene Quadrate) einer optimierten a-Si:H Einzelsolarzelle vor Lichtalterung (Im eingefügten Rahmen sind die zugehörigen Solarzellenkenndaten angegeben)

a-Si:H Einzelschichten sind dabei dynamisch, mit Bewegung des Substrates bei der plasmagestützten Gasphasenabscheidung, hergestellt worden. Die Substratgeschwindigkeit variierte dabei von 29 mm/min (i-Schicht) bis zu 260 mm/min (p-Schicht). Die dynamische Abscheiderate der Absorberschicht der Solarzellen beträgt etwa 3,9 nm·m/min. Dies entspricht einer statischen Rate von 33 nm/min im Zentrum unter der VHF-Linienquelle. Die i-Schicht der Solarzellen wurde unbeabsichtigt etwas dicker abgeschieden (400 nm), wodurch sich die Stromausbeute im Vergleich zu einer 300 nm dicken i-Schicht etwas erhöht. Mit der größeren i-Schichtdicke geht eine steigende lichtinduzierte Alterung einher, die im Normalfall durch eine geringere i-Schichtdicke vermeidbar ist (vgl. Kapitel 5.1.7).

Die *J/U*-Kennlinien der optimierten Solarzellen im Dunkeln als auch unter Beleuchtung sind in **Abbildung 5.17** dargestellt. Wie dem Rahmen über der Abbildung entnommen werden kann, sind folgende optimierte Solarzellenkenngrößen erreicht worden:

- initialer Wirkungsgrad 10,27 %
- Füllfaktor 71,5 %
- Leerlaufspannung 873 mV
- Kurzschlussstromdichte 16,48 mA/cm^2

5.1 Amorphes Silizium

Die zusätzlich angegebenen Widerstände R_s und R_p aus dem Ersatzschaltbild der Solarzelle sind aus den Tangenten an der Hellkennlinie im Schnittpunkt mit der Spannungs- bzw. Stromachse abgeleitet worden. Aus der Dunkelkennlinie in **Abbildung 5.17** wurde ferner ein guter Diodenidealitätsfaktor von 1,45 sowie eine Sperrsättigungsstromdichte von ca. 3,44E-10 mA/cm² abgeleitet. Die intrinsischen Absorberschichten der optimierten Solarzellen weisen folgende Schichteigenschaften auf:

- statischer Brechungsindex (n_0) 3,36
- optische Bandlücke (E_G) 1,84 eV
- Photoleitfähigkeit (κ_{ph}) >1E-05 S/cm
- Dunkelleitfähigkeit (κ_D) <1E-10 S/cm
- Aktivierungsenergie (E_A) 0,87 eV
- Strukturfaktor (R^*) 0,124
- Wasserstoffgehalt (c_H) 16 %

Der Wirkungsgrad der amorphen Siliziumsolarzellen von 10,27 % (ca. 7,5 % stabilisiert - vgl. Abschnitt 5.1.7) ist vielversprechend im Vergleich zu Ergebnissen anderer führender Forschungseinrichtungen. Bisher sind für a-Si:H Einzelsolarzellen stabile Weltrekordwirkungsgrade von ca. 10 % im Labormaßstab veröffentlicht worden [89]. Bei diesen Zellen wurde jedoch noch deutlich mehr Detailarbeit in den Zellaufbau (z.B. p-Schicht mit Kohlenstoffdotierung) und ins optische Design (antireflexionsbeschichtetes Glas, LPCVD ZnO:B, "white paint" Rückseitenreflektor) investiert als in dieser Arbeit. Auf großen Substratflächen (1,5 m²) sind bisher ca. 8 % stabiler Wirkungsgrad für a-Si:H p-i-n Einzelsolarzellen erreicht [61]. In den genannten Arbeiten findet die Abscheidung statisch, ohne Substratbewegung, statt. Die Eignung des Systems Linienquelle zur dynamischen Herstellung von sehr guten a-Si:H p-i-n Solarzellen konnte durch die hohen erreichten Wirkungsgrade nachgewiesen werden.

5.1.7. Degradation von amorphen Siliziumsolarzellen

Aus der Literatur ist bekannt, dass der Wirkungsgrad von a-Si:H Solarzellen aufgrund des sogenannten Staebler-Wronski-Effektes [33] unter Beleuchtung abnimmt. Stutzmann et al. schlugen ein oft zitiertes Modell zur Erklärung der lichtinduzierten Alterung von a-Si.H Schichten vor [157]. Danach führt die nichtstrahlende Rekombination von optisch angeregten Ladungsträgern zu zusätzlichen tiefen Störstellen (Dangling-Bonds). Möglich wird dies durch das Aufbrechen von schwachen Si-Si Bindungen unter Beteiligung von Wasserstoffatomen. Die so entstandenen Defekte reduzieren das $\mu\tau$-Produkt der Elektronen und Löcher und be-

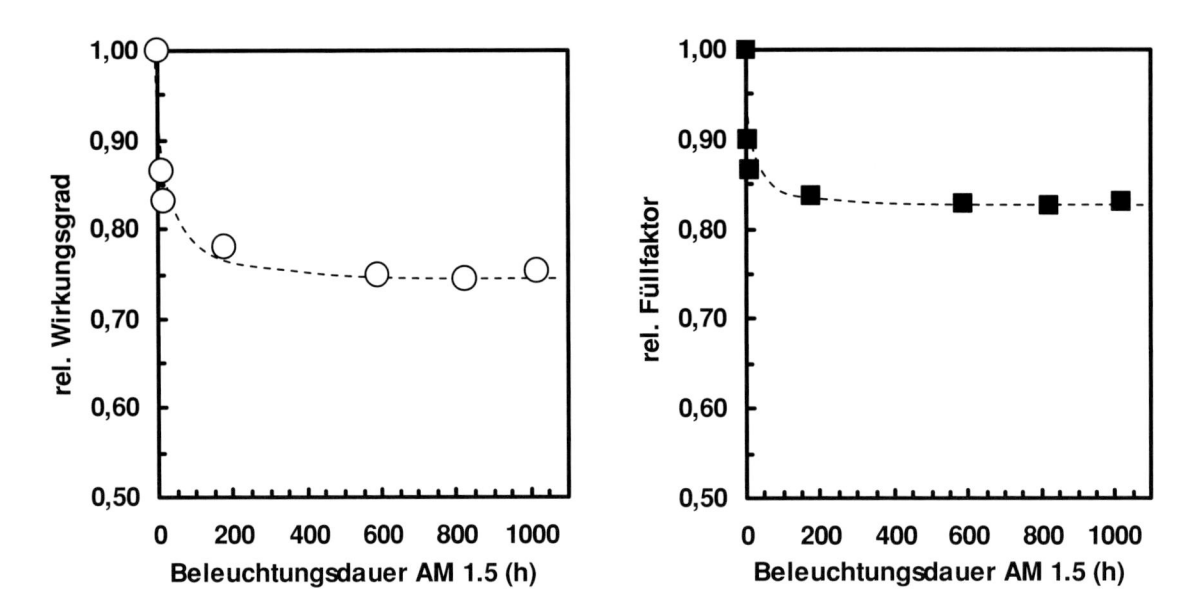

5. Technologieentwicklung dynamisch abgeschiedener Si-Dünnschichtsolarzellen

Abbildung 5.18: Relativer Wirkungsgrad (offene Kreise) und Füllfaktor (schwarze Quadrate) von a-Si:H p-i-n Einzelsolarzellen in Abhängigkeit der Beleuchtungsdauer (1000 h, AM 1.5, i-Schichtdicke 300 nm).

einflussen die Raumladungsverteilung in der i-Schicht der Solarzelle. Besonders nahe den Kontakten zur p- bzw. n-Schicht werden vermehrt Ladungsträger in Defektzuständen eingefangen und beeinflussen so die Feldverteilung in der Solarzelle negativ. Beide Effekte (reduziertes µτ-Produkt und elektrisches Feld) führen demnach zur Degradation der Solarzelleneigenschaften.

Die lichtinduzierte Alterung von amorphen Siliziumsolarzellen wird im Folgenden untersucht. In **Abbildung 5.18** ist der relative Wirkungsgrad sowie Füllfaktor von 300 nm dicken a-Si:H p-i-n Solarzellen als Funktion der Beleuchtungsdauer unter AM 1.5 Standardbedingungen dargestellt. Der initiale Wirkungsgrad nimmt nach 1000 h Beleuchtung unter AM 1.5 Bedingungen um 25 % (relativ) ab. Die 400 nm dicken a-Si:H Solarzellen aus dem vorigen Abschnitt altern aufgrund der erhöhten i-Schichtdicke etwas stärker (27 % relative Wirkungsgradabnahme). Der stabile Wirkungsgrad der besten dynamisch hergestellten a-Si:H Solarzellen (initialer Wirkungsgrad 10,27 %) beträgt damit ca. 7,5 %. In **Abbildung 5.18** ist deutlich die für a-Si:H typische starke Abnahme des Wirkungsgrades in den ersten 100 Stunden der Beleuchtung zu erkennen. Auch der Füllfaktor verliert in dieser Zeit bereits etwa 15 % (relativ) seinen initialen Wertes. Die Kurzschlussstromdichte bzw. Leerlaufspannung nehmen unter mehrstündiger Beleuchtung deutlich schwächer ab (6,5 % bzw. 3 % relativ nach 1000 h AM 1.5).

5.1 Amorphes Silizium

Die relativ starke Alterung des Wirkungsgrades kann einerseits auf die relativ dicke i-Schicht (400 nm) zurückgeführt werden. Ein deutlich verbessertes Degradationsverhalten wird dagegen bei geringerer Schichtdicke von 250 nm beobachtet. In heutigen Tandemsolarzellen werden für a-Si:H Topzellen sogar noch geringere Schichtdicken verwendet (200 nm [158]), wodurch die Alterung weiter reduziert werden kann. Eine weitere Verbesserung des stabilisierten Wirkungsgrades kann z.B. durch eine Reduzierung der Abscheiderate erreicht werden. Der Zusammenhang zwischen Abscheiderate und Solarzellenalterung wird im nächsten Abschnitt untersucht.

5.1.8. Abscheiderate dynamisch hergestellter a-Si:H Solarzellen

Hohe Abscheideraten sind entscheidend für die kosteneffektive Massenproduktion von Silizium-Dünnschichtsolarzellen. Für amorphes Silizium wird entgegen diesem Trend zumeist eine relativ niedrige Abscheiderate (< 30 nm/min) verwendet, da die lichtinduzierte Alterung mit der Abscheiderate zunimmt. Aufgrund der geringeren notwendigen i-Schichtdicke im Vergleich zu mikrokristallinen Siliziumsolarzellen kann die geringe Rate zum Teil toleriert werden. Trotzdem wurden in den vergangenen Jahren vielversprechende Resultate für amorphe Silizium Hocheffizienzsolarzellen auch mit hohen Abscheideraten von 54 nm/min bis 100 nm/min mittels VHF-PECVD und Hot-Wire-CVD (HWCVD) erreicht [61, 159, 160].

Für ein dynamisches Abscheideverfahren müssen zwei Arten von Depositionsraten unterschieden werden:

- statische Abscheiderate (R_{st})
- dynamische Abscheiderate (R_d)

Die statische Abscheiderate wird typischerweise in konventionellen PECVD-Anlagen ohne Substratbewegung durch den Quotienten der erzielten Schichtdicke pro Abscheidezeit berechnet. Im Falle der hier verwendeten Linearquellen wird die statische Rate mittels der in Bewegungsrichtung zentral unter der VHF-Elektrode erreichten Schichtdicke und der zugehörigen Abscheidezeit ermittelt. Diese Abscheiderate ist die maximale Abscheiderate unter der Linearquelle. Im Randbereich der Plasmazone unter der Linearquelle sinkt die Abscheiderate hingegen aufgrund der abnehmenden Feldstärke. Eine typische statische Abscheiderate für optimierte a-Si:H Schichten im Zentrum der Linienquelle beträgt 33 nm/min. Die statische Rate kann gut zum Vergleich mit statischen PECVD-Versuchsanlagen anderer Forschungsgruppen herangezogen werden. Die dynamische Abscheiderate (vgl. Gleichung 5.8) ist durch die erreichte Schichtdicke (d) mal der beschichteten Länge (*l*) pro Zeiteinheit (*t*) definiert.

Gleichung 5.8: $$R_d = \frac{d \cdot l}{t}$$

Die dynamische Abscheiderate für optimierte a-Si:H Schichten beträgt z.B. 3,9 nm·m/min. Das bedeutet, dass man eine Schicht von 3,9 nm Dicke auf einem einen Meter langen Substrat in einer Minute aufbringen kann. Bei einer Substratgeschwindigkeit von 1 m/min wären demzufolge 77 Linearquellen in Reihe notwendig um eine typische Solarzellendicke von 300 nm abzuscheiden. Wird die Substratgeschwindigkeit auf 0,1 m/min reduziert werden nur noch 8 Linearquellen in Reihe benötigt. Somit wird klar, dass die gewählte Substratgeschwindigkeit zwei wesentliche ökonomische Parameter beeinflusst:

1) Investitionskosten in € (reduziert bei niedriger Substratgeschwindigkeit)
2) Kapazität der Fertigungsanlage in MW_p/Jahr (groß bei erhöhter Substratgeschwindigkeit)

In der vorliegenden Arbeit wurden Versuche zur dynamischen Hochrateabscheidung (bis zu 15,6 nm·m/min) von a-Si:H Solarzellen durchgeführt. Die höchste untersuchte dynamische Abscheiderate von 15,6 nm·m/min entspricht einer lokalen statischen Abscheiderate unter der VHF-Elektrode von 100 nm/min. **Abbildung 5.19** zeigt den Einfluss der dynamischen Abscheiderate bei der i-Schichtdeposition auf den initialen und gealterten Wirkungsgrad von a-Si:H p-i-n Einzelsolarzellen. Die dynamische Abscheiderate wurde dabei durch Änderung der VHF-Leistung bei der i-Schichtabscheidung variiert. Der initiale Wirkungsgrad ändert sich bis zu dynamischen Raten von ca. 9 nm·m/min kaum und fällt erst oberhalb dieses Grenzwertes ab. Der stabilisierte Wirkungsgrad ist hingegen erwartungsgemäß eine mit der dynamischen Rate linear abnehmende Funktion. Für kleine Abscheideraten ergibt sich demnach ein höherer stabilisierter Wirkungsgrad.

Der Zusammenhang zwischen der Abscheiderate und Wirkungsgrad von a-Si:H Solarzellen kann folgendermaßen erklärt werden. Bei hoher Abscheiderate bleibt den schichtbildenden Radikalen wenig Zeit, um auf der Substratoberfläche zu energetisch günstigen Positionen zu diffundieren und ein stabileres Netzwerk zu bilden. Daher verschlechtert sich die Struktur der Schichten, die eine größere Anzahl an Hohlräumen aufweisen. Eine große Hohlraumanzahl der Schichten führt nach Guha et al. zu verschlechterten Solarzelleneigenschaften [161]. Außerdem ist bekannt, dass eine zunehmende Hohlraumanzahl mit einer steigenden Defektdichte einhergeht [126]. Zusätzlich erhöht der bei hoher Abscheiderate größere Ionenbeschuss der Substratoberfläche die Defektdichte des Materials. In der Tat wurde für

5.1 Amorphes Silizium

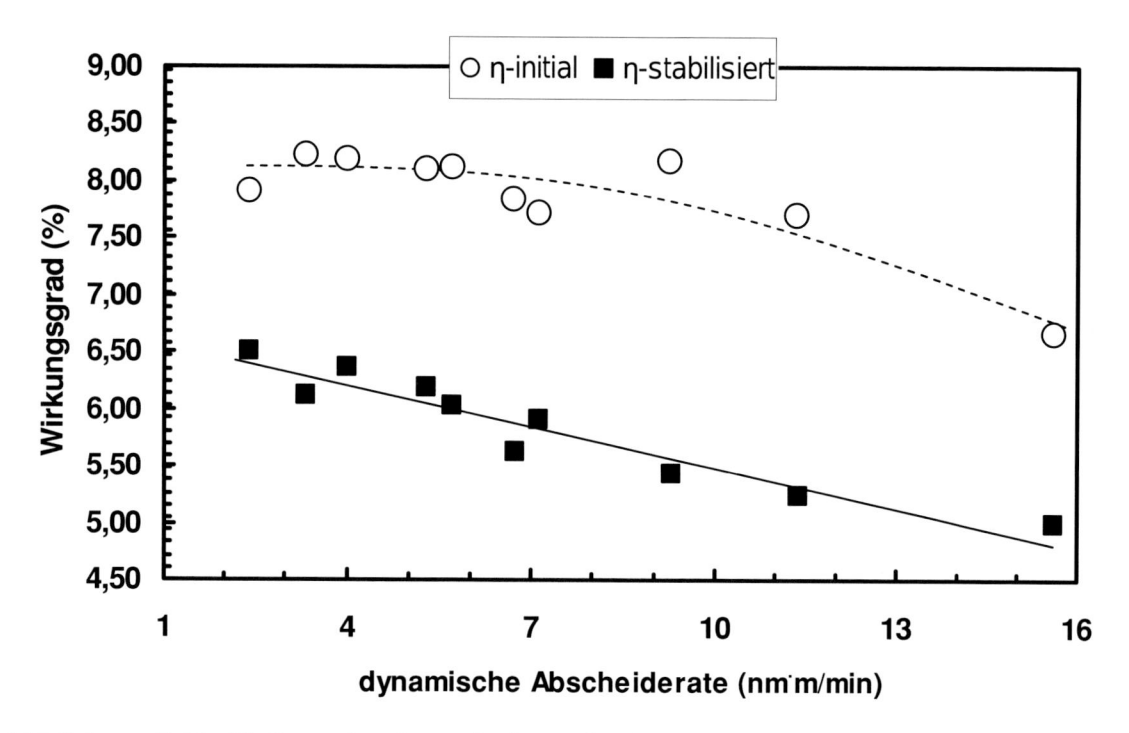

Abbildung 5.19: Einfluss der dynamischen Abscheiderate bei der i-Schichtabscheidung von a-Si:H p-i-n Solarzellen auf den initialen (offene Kreise) sowie stabilisierten Wirkungsgrad (schwarze Quadrate) nach 120 h AM 1.5 Beleuchtung.

Schichten, die mit hoher Abscheiderate (hoher Leistungsdichte) hergestellt wurden, eine größere Defektdichte festgestellt [124]. Dadurch lässt sich ebenfalls die Verschlechterung der Solarzellenkenndaten mit zunehmender Abscheiderate erklären, da die Rekombinationswahrscheinlichkeit in der Solarzelle mit zunehmender Defektanzahl steigt. Hinzu kommt, dass es bei hohen Abscheideraten (hohen Leistungsdichten) zur Plasmapolymerisation kommen kann. Dadurch können Dihydride und Polyhydride in die a-Si:H Schichten eingebaut werden, was deren Eigenschaften zusätzlich verschlechtert. Die schwachen Bindungen im instabileren Netzwerk der a-Si:H Schichten bei hoher Abscheiderate können weiterhin leichter bei Beleuchtung aufgebrochen werden, wodurch sich die verstärkte Alterung dieser Schichten erklärt.

5.1.9. Reproduzierbarkeit der Abscheidung von a-Si:H Einzelsolarzellen

Für die hier durchgeführte produktionsnahe großflächige Solarzellenherstellung ist die Streuung der Solarzellenkenndaten von großer Bedeutung. Um den Schwankungsbereich der Solarzellenkenndaten zu untersuchen, wurden sieben identische a-Si:H p-i-n Solarzellen an unterschiedlichen Tagen zu unterschiedlichen Zeiten abgeschieden. Aus statistischen Gründen wurden wie bei der oben beschriebenen Optimierung (vgl. Kapitel 5.1.1 - 5.1.7) pro Solarzellenabscheidung jeweils vier 25x25 mm² Asahi-U (SnO_2:F) Substrate beschichtet. Pro Substrat wurden ferner zwei getrennte Solarzellenflächen definiert und ausgewertet.

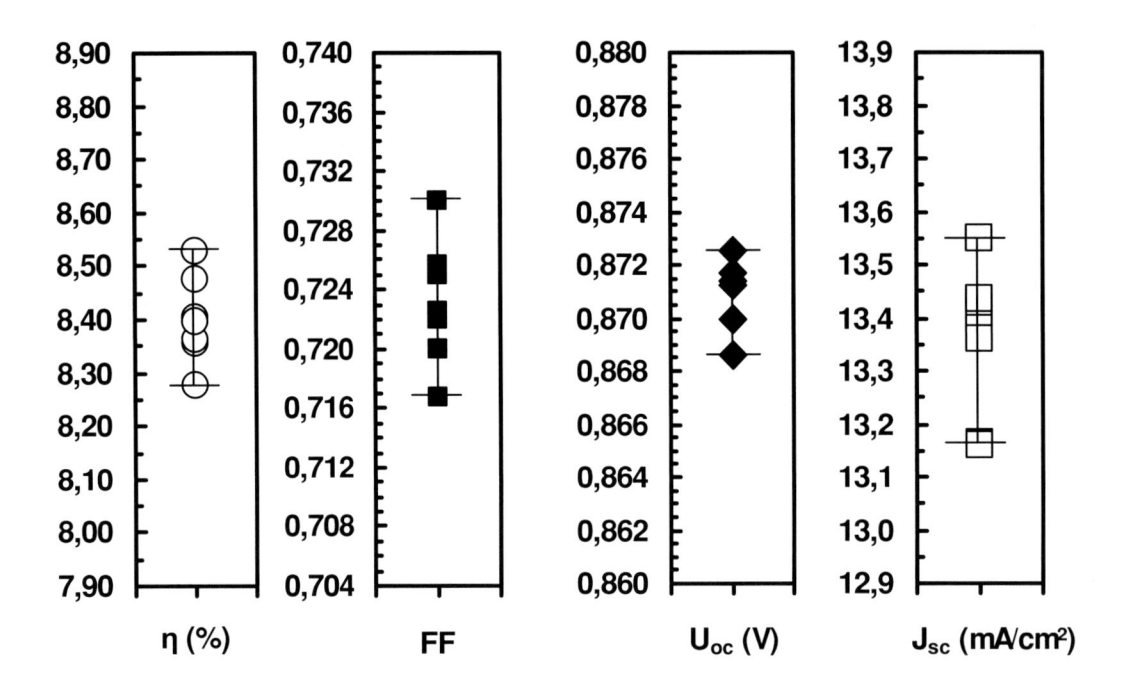

Abbildung 5.20: Schwankungsbereich der a-Si:H p-i-n Solarzellenkenndaten Wirkungsgrad (offene Kreise), Füllfaktor (schwarze Quadrate), U_{oc} (schwarze Rauten) sowie J_{sc} (offene Quadrate) bei siebenfach wiederholter Abscheidung mit Angabe von Fehlerbalken.

Abbildung 5.20 zeigt die Schwankungsbreite der Kenndaten von sieben aufeinanderfolgend, mit gleichen Parametern abgeschiedenen a-Si:H p-i-n Solarzellen. In dieser Darstellung sind nur die Mittelwerte pro Solarzellendurchlauf (jeweils acht Solarzellen) einbezogen. Der initiale Wirkungsgrad weist eine Spannweite von 0,25 % und einen Variationskoeffizienten (VarK) von ca. 1 % auf. Die Kurzschlussstromdichte streut ähnlich stark (VarK ca. 1,1 %), während der Füllfaktor (VarK 0,6 %) und die Leerlaufspannung (VarK 0,15 %) geringeren Schwankungen ausgesetzt sind. Im Vergleich zur Schwankungsbreite vor der Solarzellenoptimierung (initialer Wirkungsgrad: Spannweite 0,8 %, VarK 8,6 %) konnte eine deutlich größere Prozessstabilität erreicht werden.

Wesentliche Faktoren, die in dieser Arbeit die Schwankungsbreite verringerten, waren vor allem das veränderte Aufheizregime der Substrate sowie die Verwendung einer Laminarbox beim Einschleusen der Substrate zur Vermeidung von Partikelkontaminationen. Zusätzlich erhöhte insbesondere die Substratvorbehandlung mittels ammoniakalischer Lösung und Zitronensäure die Prozessstabilität.

5.1 Amorphes Silizium

5.1.10. Zusammenfassung und Ausblick

In diesem Kapitel wurde dargelegt, wie ausgehend von geringen Startwirkungsgraden (3,5 %) eine a-Si:H Solarzellentechnologie mit hohen initialen Wirkungsgraden von 10,27 % (7,5 % stabilisiert) erzielt werden konnte. Zahlreiche technologische Entwicklungsstadien wurden dazu durchlaufen. Die wichtigsten werden im Folgenden noch einmal zusammengefasst:

- ZnO/Ag-Rückkontakt statt Aluminium (η + 1,1 % absolut)
- thermischen Solarzellennachbehandlung - 30 min/ 150 °C (η + 0,75 % absolut)
- texturierter SnO_2:F-Frontkontakt (η + 0,55 % absolut)
- Verwendung einer einheitlichen Substratvorbehandlung auf Basis einer Ammoniaklösung und Zitronensäure (η + 0,7 % absolut)
- Optimierung der p-Schicht (η + 1,6 % absolut)
- Verringerung der Substrattemperatur auf 150 °C (η + 0,8 % absolut)
- Erhöhung der Silankonzentration auf ca. 30 % (η + 0,35 % absolut)

Die optimierten a-Si:H Einzelsolarzellen weisen bereits gute Füllfaktoren (71 - 73 %), Leerlaufspannungen (0,87 - 0,9 V) sowie Kurzschlussstromdichten (bis 16,48 mA/cm²) auf. Der aus der Dunkelkennlinie abgeleitete Diodenidealitätsfaktor dieser Solarzellen beträgt 1,45 bei einer Sperrsättigungsstromdichte von ca. 3,44E-10 mA/cm². Die relative, lichtinduzierte Alterung des initialen Wirkungsgrades beträgt für diese Solarzellen 25 - 27 %. Durch Verwendung dünnerer i-Schichten in der p-i-n Struktur kann die lichtinduzierte Alterung stark reduziert werden.

Die in den optimierten Solarzellen verwendeten a-Si:H p-Schichten weisen einen statischen Brechungsindex von 3,18, eine Dunkelleitfähigkeit von 2,6E-06 S/cm sowie eine Tauc-Bandlücke von 1,88 eV auf. Für optimierte intrinsische a-Si:H Schichten ist ein statischer Brechungsindex von 3,36, eine Dunkelleitfähigkeit von 6,3E-11 S/cm (Aktivierungsenergie 0,87 eV) sowie eine Tauc-Bandlücke von 1,84 eV erzielt worden.

Weitere Verbesserungen der Solarzellenwirkungsgrade könnten in Zukunft z.B. durch Verwendung einer a-SiC:H p-Schicht mit erhöhter Bandlücke erzielt werden. Auf diese Maßnahme wurde jedoch bisher zugunsten der Untersuchung dynamischer Effekte bei der plasmagestützten Gasphasenabscheidung mittels VHF-Linienquellen (vgl. Kapitel 7) verzichtet.

5.2. Mikrokristallines Silizium

Neben der a-Si:H Solarzellentechnologie ist auch die Beherrschung der mikrokristallinen Siliziumtechnologie entscheidend für die Fertigung effizienter Dünnschichtsolarzellen. Beide Solarzellentypen sollen letztlich zu Tandemsolarzellen verschaltet werden, um den stabilisierten Wirkungsgrad der siliziumbasierten Dünnschichtsolarzellen zu erhöhen. Komplette mikrokristalline p-i-n Einzelsolarzellen wurden bereits 1994 mit Wirkungsgraden von 4,6 % hergestellt [13]. Ab diesem Zeitpunkt ging die Entwicklung stetig voran und hohe Wirkungsgrade von bis zu 10,1 % konnten erzielt werden [91]. Ebenso wie bei amorphem Silizium basiert die Technologie zur Abscheidung mikrokristalliner Solarzellen bisher auf statischen PECVD-Verfahren, d.h. ohne Substratbewegung. In der vorliegenden Arbeit soll demonstriert werden, dass auch dynamisch, also mit Substratbewegung, gute mikrokristalline Silizium-Dünnschichtsolarzellen gefertigt werden können. Dazu wurde zu Beginn eine einfache µc-Si:H p-i-n Struktur auf ITO-beschichteten Glassubstraten abgeschieden und mit einem Aluminiumrückkontakt versehen. Der Wirkungsgrad der ersten dynamisch deponierten Testsolarzellen war unzureichend (< 1 %). Am Ende von einigen Entwicklungsschritten konnte schließlich ein Wirkungsgrad von ca. 6,5 % für vollständig dynamisch abgeschiedene mikrokristalline p-i-n Solarzellen erreicht werden. Der Schwerpunkt der Optimierung lag wie bei der amorphen Siliziumsolarzelle bei der p-dotierten Fensterschicht (vgl. Kapitel 5.2.1). Die Eigenschaften von kompletten µc-Si:H p-i-n Solarzellen mit verbesserter p-Schicht und angepasster Absorberschicht werden in Kapitel 5.2.2 beschrieben. Der Wirkungsgrad von 6,5 % bietet großen Spielraum zur weiteren Optimierung. Ansatzpunkte in diesem Zusammenhang werden in Abschnitt 5.2.3 aufgegriffen.

5.2.1. Optimierung der p-dotierten Fensterschicht

Einen guten Überblick über die Anforderungen an mikrokristalline p-Schichten in Dünnschichtsolarzellen findet man z.B. in [25]. Mikrokristalline p-dotierte Siliziumschichten haben eine größere Dotierungseffizienz und einen geringeren Absorptionskoeffizienten als ihr amorphes Gegenstück. Aus diesem Grund sind µc-Si:H p-Schichten nicht nur als Fensterschicht für mikrokristalline Siliziumsolarzellen interessant. Ein anderes Einsatzgebiet dieser Schichten ist z.B. als Teilschicht des internen Tunnelkontaktes von Tandemsolarzellen. Die Schwierigkeit bei mikrokristallinen p-Schichten besteht darin, bei geringen Schichtdicken von etwa 20 nm einen ausreichenden kristallinen Volumenanteil zu erreichen. In Übereinstimmung mit dem theoretischen Perkolationslimit nach Scher und Zallen [162] fanden Tsu et al. für mikrokristalline n-Schichten experimentell einen kristallinen Anteilsschwellwert von ca. 16 %, ab dem die Leitfähigkeit sprunghaft ansteigt [163]. Das

5.2 Mikrokristallines Silizium

Problem, diesen Wert für dünne µc-Si:H p-Schichten zu erreichen, liegt darin begründet, dass der Nukleationsprozess von mikrokristallinen Siliziumschichten oft erst verzögert einsetzt. Deshalb ist besondere Sorgfalt bei der Auswahl der Abscheidungsparameter nötig, um das kristalline Wachstum von Beginn an zu unterstützen.

Als guter Indikator für die Kristallinität dünner µc-Si:H Schichten kann die Dunkelleitfähigkeit der Schichten herangezogen werden. Dünne µc-Si:H p-Schichten (20 nm) sollten mindestens eine Leitfähigkeit von 1E-02 S/cm aufweisen um für Solarzellenanwendungen geeignet zu sein [164, 165]. Ist die Leitfähigkeit deutlich geringer, muss davon ausgegangen werden, dass ein erhöhter amorpher Phasenanteil im Material enthalten ist. Um die Leitfähigkeit von dynamisch abgeschiedenem µc-Si:H p-Material zu untersuchen, wurden zunächst 50 nm dünne Schichten mit unterschiedlichem TMB/SiH$_4$-Verhältnis und unterschiedlicher VHF-Leistung dynamisch hergestellt. Die Silankonzentration wurde bei diesen Versuchen sehr niedrig gewählt (1 %), um ausreichend atomaren Wasserstoff im Plasma zu generieren, der das mikrokristalline Wachstum fördert. Die Durchlaufgeschwindigkeit bei der dynamischen Abscheidung variierte im Bereich von 25 mm/min bis zu 100 mm/min. Aufgrund der geringen Abscheiderate von µc-Si:H p-Schichten musste das Plasma selbst bei sehr niedrigen Schichtdicken mehrfach durchquert werden.

Abbildung 5.21 - links zeigt die Abhängigkeit der Dunkelleitfähigkeit vom Verhältnis TMB/SiH$_4$ in der Gasphase beim PECVD Prozess. Mit steigender TMB-Konzentration nimmt die Dunkelleitfähigkeit sprunghaft zu und stabilisiert sich bei einem Wert von etwa 1 S/cm. Für TMB-Konzentrationen größer als 0,5 % sinkt die Dunkelleitfähigkeit hingegen wieder (im Diagramm nicht dargestellt). Die Ursache dafür kann die beim Schichtwachstum kristallisationshemmende Wirkung von Bor sein [166, 167]. Eine andere denkbare Ursache ist der vermehrte Kohlenstoffeinbau bei hohen TMB-Gasflüssen (B(CH$_3$)$_3$), was ebenfalls das kristalline Wachstum unterdrücken kann [167]. Den Verlauf der Dunkelleitfähigkeit von p-dotiertem µc-Si:H mit der VHF-Leistung zeigt **Abbildung 5.21** - rechts. Mit abnehmender VHF-Leistung steigt die Dunkelleitfähigkeit der mikrokristallinen Schichten an. Es könnte daraus geschlussfolgert werden, dass niedrige VHF-Leistungen zur µc-Si:H p-Schichtabscheidung zu bevorzugen sind. Diese These steht im Kontrast zu mehreren Veröffentlichungen, in denen mikrokristalline p-Schichten bei hohen VHF-Leistungen abgeschieden werden [167, 168]. Hohe Leistungen werden in diesem Fall bewusst zur stärkeren Zerlegung der Prozessgase verwendet. Dadurch wird mehr atomarer, kristallinitätsfördernder Wasserstoff im Plasma generiert. Zusätzlich steigt mit zunehmender VHF-Leistung der Ionenbeschuss der Substratoberfläche. Obwohl bekannt ist, dass der Ionenbeschuss die Kristallinität und elektrischen Eigenschaften von µc-Si:H negativ

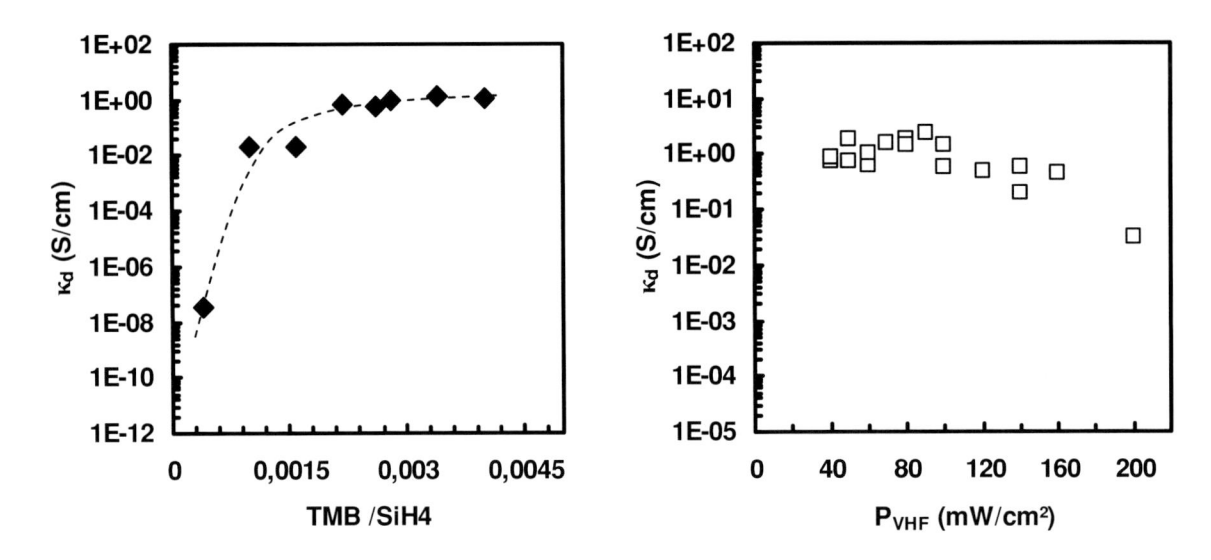

5. Technologieentwicklung dynamisch abgeschiedener Si-Dünnschichtsolarzellen

Abbildung 5.21: Dunkelleitfähigkeit von µc-Si:H p-Schichten in Abhängigkeit des TMB/SiH$_4$-Verhältnisses bei 100 mW/cm² (links) und in Abhängigkeit der VHF-Leistung bei 0,34 % TMB/SiH$_4$ (rechts); weitere Parameter: Gasfluss 1000 sccm, Silankonzentration 1 %, Prozessdruck 50 Pa, Schichtdicke 50 nm

beeinflusst [78 - 80], kommt es durch den Ionenbeschuss zur besseren Nukleation der aufwachsenden kristallinen Schichten in der initialen Wachstumsphase [80]. Dies liegt vor allem an der Zunahme des Beschusses mit Wasserstoffionen [169]. Die Wasserstoffkonzentration auf der Substratoberfläche nimmt dadurch weiter zu, was die anfängliche Kristallisation der Schichten unterstützt. Die Leitfähigkeit von Einzelschichten ist an dieser Stelle also nicht das entscheidende Kriterium. Trotz verschlechterter Leitfähigkeit sind bei der µc-Si:H p-Schichtabscheidung hohe VHF-Leistungen zu bevorzugen.

Im nächsten Schritt wurden µc-Si:H p-Schichten bei reduzierten Schichtdicken abgeschieden, um zu überprüfen, ob die Leitfähigkeit auch bei ca. 20 nm Schichtdicke (siehe µc-Si:H p-Schichtdicke in der Solarzelle) ausreichend ist. **Abbildung 5.22** zeigt den Verlauf der Dunkelleitfähigkeit von p-dotiertem µc-Si:H in Abhängigkeit der Schichtdicke für dynamisch abgeschiedenes Material an der VHF-Durchlaufanlage und Referenzergebnisse von Flückiger et al. (statische Abscheidung [164]). Die Leitfähigkeit des dynamisch deponierten Materials bleibt bis zu Schichtdicken von 30 nm in etwa konstant und fällt erst für geringere Schichtdicken allmählich ab. Im Vergleich zur angegebenen Referenz (Flückiger et al.) ist die Leitfähigkeit etwas niedriger. Für 15 - 20 nm dicke µc-Si:H p-Schichten können dennoch vergleichbar gute Leitfähigkeiten von größer als 1E-02 S/cm erreicht werden.

5.2 Mikrokristallines Silizium

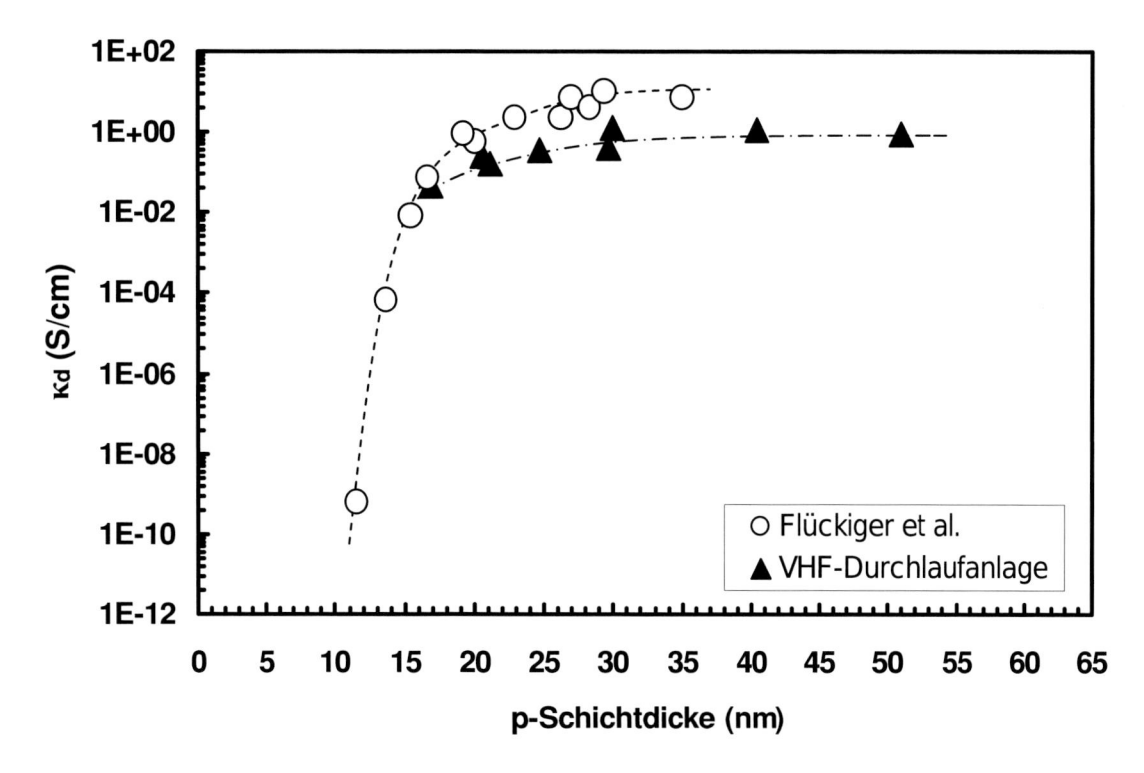

Abbildung 5.22: Schichtdickenabhängige Dunkelleitfähigkeit von dynamisch hergestellten µc-Si:H p-Schichten (schwarze Dreiecke), weitere Abscheideparameter: 100 mW/cm², 50 Pa, 1000 sccm, Silankonzentration 1 %, TMB/SiH$_4$ 0,0034, Referenz: Flückiger et al. (offene Kreise)

5.2.2. µc-Si:H p-i-n Einzelsolarzellen

Die im vorigen Abschnitt entwickelten 20 nm dünnen µc-Si:H p-Schichten mit Leitfähigkeiten von 2,7E-01 S/cm wurden nachfolgend in Solarzellen integriert. **Tabelle 5.5** fasst die Kenndaten von µc-Si:H p-i-n Solarzellen in drei unterschiedlichen Entwicklungsstufen (I - III) zusammen. Stufe I stellt den Ausgangszustand ohne Optimierung dar. In Stufe II wurde die neue p-Schicht in den Zellaufbau integriert. Gleichzeitig wurde die VHF-Leistung bei der i-Schichtdeposition verringert und der Prozessdruck erhöht, um den Ionenbeschuss der Wachstumsoberfläche zu reduzieren. Ein großer Ionenbeschuss reduziert den kristallinen Volumenanteil der µc-Si:H Schichten, erhöht den internen Stress, verringert die Elektronenmobilität und erhöht die Defektdichte [78 - 80]. Eine größere Defektdichte in der i-Schicht von µc-Si:H Solarzellen führt zu einer Verschlechterung der Solarzellenparameter Füllfaktor und Leerlaufspannung [170]. Durch die Anpassung der p- und i-Schicht der Solarzellen in Stufe II konnten erstmals Füllfaktoren von größer als 60 % erreicht werden. Sowohl die Leerlaufspannung als auch die Stromausbeute konnten im Vergleich zum Ausgangszustand ebenfalls deutlich verbessert werden. In Stufe III wurde die

5. Technologieentwicklung dynamisch abgeschiedener Si-Dünnschichtsolarzellen

Stufe	η (%)	FF (%)	U_{oc} (mV)	J_{sc} (mA/cm²)
I	0,82	46,0	310	-5,82
II	4,14	64,0	440	-14,91
III	6,46	68,0	470	-20,07

Tabelle 5.5: Solarzellenkenndaten von µc-Si:H p-i-n Solarzellen. Stufe I: Ausgangszustand, Stufe II: optimierte p- und i-Schicht, Stufe III: neuer Rückkontakt (Ag) und angepasste Silankonzentration am Phasenübergang µc-Si:H/a-Si:H

Solarzelleneffizienz durch Verwendung eines Silberrückkontaktes und Anpassung der i-Schicht weiter optimiert. Der Effekt des Silberrückkontaktes wurde bereits für die amorphe Solarzellenstruktur weiter oben diskutiert und führt auch bei mikrokristallinen Siliziumsolarzellen zu einer höheren Stromausbeute. Maximale µc-Si:H Solarzellenwirkungsgrade werden des Weiteren direkt am Phasenübergang von mikrokristallinem zu amorphem Material erreicht [55, 171]. Diesem Umstand wurde Rechnung getragen und die Silankonzentration bei der i-Schichtabscheidung bis an den Phasenübergang erhöht. Dadurch erhöhten sich vor allem der Füllfaktor sowie die Leerlaufspannung.

Nach der Optimierung konnten letztlich Wirkungsgrade von ca. 6,5 % für komplette µc-Si:H Solarzellen erreicht werden. Der Zellaufbau sowie Dunkel- und Hellkennlinien dieser Technologiestufe sind in **Abbildung 5.23** dargestellt. Als Substratmaterial der optimierten Solarzellen wurde texturiertes ZnO:Al beschichtetes Glas, bereitgestellt vom Forschungszentrum Jülich, verwendet. Die p-, i-, und n-Schichtdicke betrug 20 nm, 1000 nm und 20 nm. Die n-Schicht der µc-Si:H Solarzellen wurde aufgrund ihrer geringeren Querleitfähigkeit im Vergleich zu mikrokristallinen n-Schichten amorph abgeschieden. Damit kann die parasitäre Stromsammlung von außerhalb der aktiven Solarzellenfläche vermieden werden. Alle Teilschichten der µc-Si:H p-i-n Solarzelle wurden dynamisch abgeschieden. Die wichtigsten Herstellungsparameter der Solarzellen sind in **Tabelle 5.6** zusammengefasst. Bei der i-Schicht der Solarzelle betrug die Durchlaufgeschwindigkeit 29 mm/min. Das Plasma wurde dabei zehnmal durchquert um die 1 µm dicke i-Schicht abzuscheiden. Die dynamische Abscheiderate bei der i-Schichtabscheidung beträgt ca. 3,74 nm·m/min. Der Absorber der Solarzelle wurde bei einer Gasausnutzung von etwa 15 % hergestellt. Für die Photoverstärkung der Absorberschicht konnten regelmäßig Werte größer als 100 erreicht werden. Neben den in **Tabelle 5.5** angegebenen Kenndaten wurde aus der Hellkennlinie der Serien- und Parallelwiderstand zu 3,77 Ohm sowie 986 Ohm bestimmt. Aus der Dunkelkennlinie ergibt sich des Weiteren der Diodenidealitätsfaktor zu 1,67 sowie die Sperrsättigungsstromdichte zu 1,62E-05 mA/cm². Die Solarzelleneigenschaften waren auch nach an-

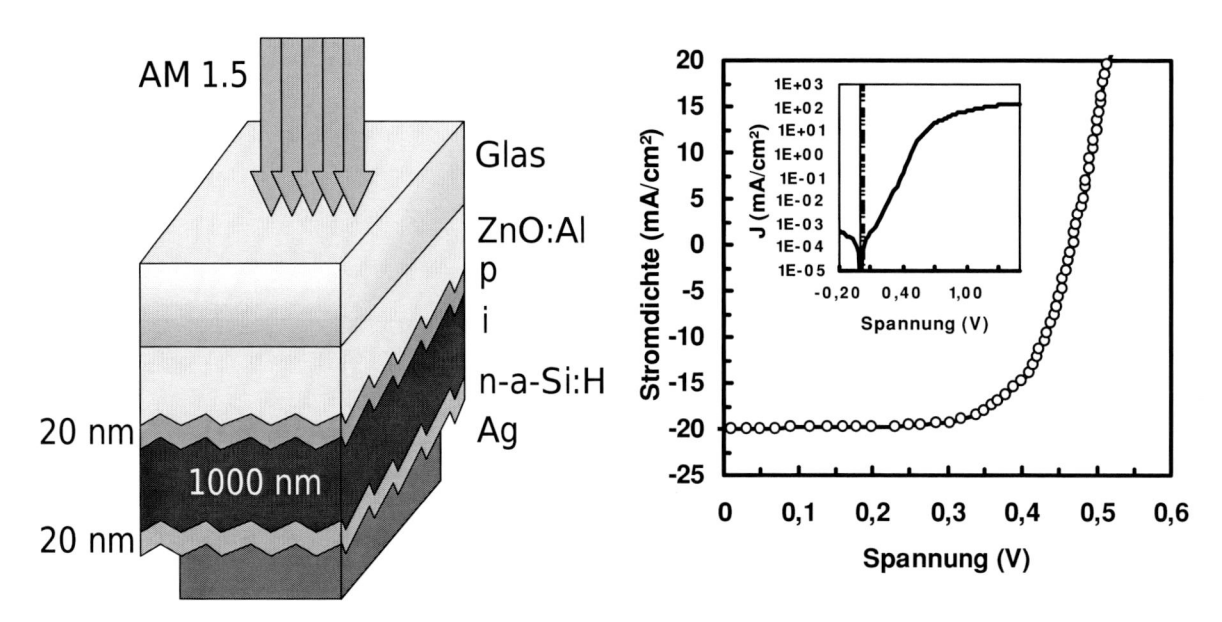

Abbildung 5.23: Optimierter µc-Si:H p-i-n Solarzellenaufbau (links) sowie J/U-Kennlinen unter Beleuchtung (rechts) und ohne Beleuchtung (rechts - Einlass) in Entwicklungsstufe III (η 6,5 %, FF 68 %, U_{oc} 470 mV, J_{sc} -20,7 mA/cm²)

haltender Beleuchtung (ca. 500 h) stabil. Ein lichtinduzierter Alterungseffekt wie bei a-Si:H Solarzellen konnte demnach für mikrokristalline Siliziumsolarzellen erwartungsgemäß [32] nicht festgestellt werden.

5.2.3. Zusammenfassung und Ausblick

In diesem Abschnitt wurde die dynamische Abscheidung von µc-Si:H p-i-n Solarzellen mit Wirkungsgraden bis zu 6,46 % beschrieben. Der Schwerpunkt der Entwicklung lag bei der p-dotierten µc-Si:H Fensterschicht. Diese Schichten konnten nach Anpassung zahlreicher Abscheidungsparameter bei geringen Schichtdicken (15-20 nm) mit sehr guten Leitfähigkeiten von größer als 1E-02 S/cm hergestellt werden. Weitere Verbesserungen der Solarzelleneffizienz wurden durch Anpassung der intrinsischen Schicht (Druck, Leistung, Silankonzentration) und Veränderung des Zellaufbaus (Front- und Rückkontakt) erzielt.

Die bisher erreichten Zelleffizienzen kommen noch nicht ganz an die in der Literatur erreichten Wirkungsgrade von 7,4 - 10,1 % [15, 62, 90, 91] für die statische Deposition heran. Dennoch konnte gezeigt werden, dass sich das hier verwendete dynamische Depositionsverfahren gut zur µc-Si:H-Solarzellenabscheidung mit hohen Wirkungsgraden eignet. Das Verbesserungspotential der einfach strukturierten, dynamisch deponierten µc-Si:H Solarzellen ist groß. Die einfachste Möglichkeit den Wirkungsgrad weiter zu steigern, liegt z.B. in der Verbesserung des Rückkontaktes durch Einfügen einer ZnO:Al-Zwischenschicht. Wie bei der amorphen Siliziumsolarzelle ergibt sich dadurch eine größere Strom-

Parameter	p-Schicht	i-Schicht	n-Schicht
VHF Leistung (mW/cm²)	100	200	40
Prozessdruck (Pa)	50	70	20
Substrattemperatur (°C)	180	180	180
Silankonzentration [$SiH_4/(SiH_4+H_2)$]	0,01	0,038	0,175
p-Dotierstoffkonzentration (TMB/SiH_4)	0,0034	-	
n-Dotierstoffkonzentration (PH_3/SiH_4)		-	0,0063

Tabelle 5.6: Ausgewählte Herstellungsparameter von dynamisch, an der VHF-Durchlaufanlage abgeschiedenen µc-Si:H p-i-n Solarzellen

ausbeute. Bisher wurde jedoch zugunsten der Untersuchung dynamischer Abscheidungseffekte nicht auf eine weitere Steigerung der Effizienz hingearbeitet.

Ansatzpunkte für weitere Verbesserungsmöglichkeiten werden an dieser Stelle dennoch aufgegriffen und erläutert. Die p-Schicht der Solarzelle wurde bisher tendenziell bei niedrigen VHF-Leistungen abgeschieden. Wie bereits weiter oben diskutiert ergeben sich daraus Nukleationsschwierigkeiten in der initialen Wachstumsphase von µc-Si:H p-Schichten. Eine amorphe Zwischenschicht an der Grenzfläche TCO/p-Schicht führt in der Solarzelle zu einem erhöhten Serienwiderstand und damit reduzierten Füllfaktoren. Das könnte eine Ursache dafür sein, dass bisher in dieser Arbeit keine Füllfaktoren größer als 70 % für mikrokristalline Siliziumsolarzellen erreicht wurden. Ebenso ist jedoch denkbar, dass dynamische Abscheidungseffekte zu Nukleationsschwierigkeiten bei der p-Schichtdeposition führen. Im Plasmarandbereich nimmt aufgrund der abnehmenden Feldstärke die Zerlegung der Prozessgase ab. Damit wird weniger atomarer Wasserstoff im Plasma generiert, der für das Kristallwachstum entscheidend ist. Bei der unvermeidlichen Durchfahrt des Substrates durch den Plasmarandbereich kann das Wachstum einer amorpheren Phase nicht ausgeschlossen werden. Das detaillierte Studium des kristallinen Aufwachsverhaltens im Plasmarandbereich ist daher besonders bei µc-Si:H p-Schichten erforderlich.

Die Gasausnutzung und Abscheiderate bei der i-Schichtdeposition der µc-Si:H Solarzellen ist für den hier entwickelten Prozess eher gering. Gerade für mikrokristalline Siliziumsolarzellen, mit im Vergleich zu a-Si:H Solarzellen großen i-Schichtdicken, ist aber ein Wachstum bei hoher Abscheiderate notwendig. Hier bietet sich die Möglichkeit der "high power depletion" (HDP) Abscheidung an [16, 172]. Silan wird dabei durch Verwendung von hohen HF-Leistungen verarmt. Um den mit zunehmender Leistung steigenden Ionenbeschuss zu reduzieren, wird das Verfahren von hohen Arbeitsdrücken begleitet. Im Falle der HPD-Abscheidung steigt die Gasausnutzung. Bei dem in dieser Arbeit verwendeten Cross-Flow-Gasverteilungssystem kann dies zu Schwierigkeiten führen. So nimmt bei hoher Gas-

5.2 Mikrokristallines Silizium

ausnutzung der Silanpartialdruck in Bewegungsrichtung vom Gaseinlass hin zum Gasauslass ab. Inhomogene Schichteigenschaften entlang der Bewegungsrichtung sind die Folge. Die daraus resultierenden Auswirkungen auf die Eigenschaften mikrokristalliner Siliziumsolarzellen müssen in Zukunft sorgfältig untersucht werden.

5. Technologieentwicklung dynamisch abgeschiedener Si-Dünnschichtsolarzellen

6. Homogenität der Abscheidung

Im vorangegangenen Kapitel wurde die a-Si:H bzw. µc-Si:H Solarzellenentwicklung auf kleinen Substratflächen (cm²-Bereich) beschrieben. In diesem Abschnitt folgt die Charakterisierung der Abscheidung auf großer Fläche. Eine homogene Abscheidung von amorphen und mikrokristallinen Siliziumschichten über die gesamte Substratfläche ist von großer Bedeutung, da Abweichungen von Parametern wie der VHF-Leistung oder der Wasserstoffverdünnung zu einer Schädigung von Schicht- und Solarzelleneigenschaften führen können. Kroll et al. berichten von einer Begrenzung der Uniformität der VHF-Abscheidung von Siliziumschichten bei 80 MHz auf 400x400 mm² [173]. Im VHF-Bereich kommt es in großflächigen PECVD-Reaktoren zur Ausbildung von Stehwellen. Die Spannungs- und Stromverteilung über der Elektrode wird dadurch bei hohen Frequenzen sehr inhomogen. Einzelheiten zu diesem Thema und zur Einkopplung und Homogenisierung von elektrischen Feldern im VHF-Bereich können z.B. in [20, 74, 75] nachgelesen werden. Da in der vorliegenden Arbeit VHF-Linearquellen verwendet wurden, muss die Homogenität nur in einer Dimension sichergestellt werden (senkrecht zur Bewegungsrichtung des Substrates). Die Homogenität in der zweiten Dimension wird durch die Bewegung des Substrates bei konstanter Geschwindigkeit erreicht. Nicht auszuschließen sind jedoch Inhomogenitäten von Einzelschichteigenschaften in Bewegungsrichtung des Substrates, die Auswirkungen auf die Leistungsfähigkeit des Bauteils Solarzelle haben können. Einige Ergebnisse zum Einfluss von statischen Schichteigenschaften von µc-Si:H in Bewegungsrichtung auf dynamisch abgeschiedene Solarzellen wurden bereits von Zimmermann et al. veröffentlicht [174]. Die Effekte, die in diesem Zusammenhang für amorphes Silizium beobachtet werden können, werden in Kapitel 7 behandelt. In diesem Abschnitt wird hauptsächlich die Homogenität der Abscheidung senkrecht zur Bewegungsrichtung des Substrates betrachtet.

6.1. Optimierte a-Si:H- und µc-Si:H-Absorberschichten

Der experimentelle Aufbau zur Untersuchung der Homogenität an der Linearquelle ist in **Abbildung 6.1** dargestellt. Zur Ermittlung der Uniformität wird der Substratträger statisch und zentral unter der VHF-Elektrode positioniert. Der Ursprung des in **Abbildung 6.1** angegebenen Koordinatensystems (0 mm auf der X-Achse) bezieht sich auf den Anfang der Prozesskammer am Gaseinlass. Die zentrale Position unter der VHF-Elektrode befindet sich bei X = 115 mm während die Position X = 230 mm das Ende der Prozesskammer am Gasauslass markiert. Die Y-Achse erstreckt sich von 0 mm bis 300 mm. Dies entspricht der maximalen Breite der Substrate, die mit dem gegenwärtig verwendeten Substratträger beschichtet werden können.

6. Homogenität der Abscheidung

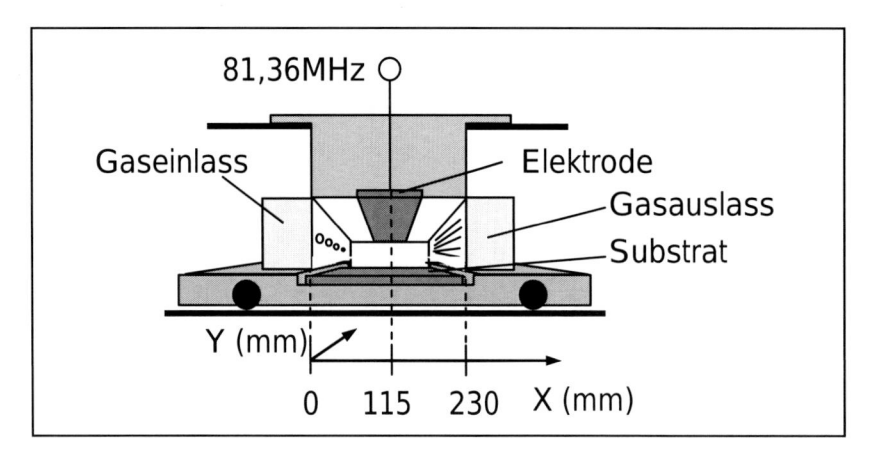

Abbildung 6.1: Experimenteller Aufbau für die statische Abscheidung von Siliziumdünnschichten zur Untersuchung der Homogenität.

Der wichtigste Homogenitätsparameter an der VHF-PECVD Anlage mit Linearquellen ist die Schichtuniformität in Y-Richtung von 0 - 300 mm. Diese Abmessung beschreibt die Länge der Beschichtungszone senkrecht zur Bewegungsrichtung des Substrates. Um die Dicke der Siliziumschichten zu quantifizieren, wurden 260 nm (a-Si:H) und 1000 nm (μc-Si:H) dicke intrinsische Schichten statisch auf Corning-Glas bei der Position X = 115 mm abgeschieden. Die Schichtdicke wurde dabei durch Auswertung der Interferenzmuster von Transmissionsspektren im Nahinfrarotbereich ermittelt. Die Uniformität der Schichtdicke kann wie folgt berechnet werden:

Gleichung 6.1: $$\pm \Delta_d = \frac{d_{max} - d_{min}}{d_{max} + d_{min}}$$

Dabei ist d_{max} (d_{min}) die maximale (minimale) Schichtdicke der Messreihe. In **Abbildung 6.2** ist die Dicke von intrinsischen a-Si:H und μc-Si:H Schichten als Funktion der Elektrodenlänge (Y-Achse) dargestellt. Es ist zu beachten, dass diese i-Schichten den in optimierten Solarzellen verwendeten Absorbern entsprechen. Die Uniformität über der Elektrodenlänge ist für intrinsische a-Si:H Schichten besser als ± 4 % und für mikrokristalline i-Schichten besser als ± 2,5 %. Ein weiterer wichtiger Homogenitätsparameter für μc-Si:H Schichten ist die Ramankristallinität. Da das Prozessfenster für μc-Si:H am Phasenübergang zwischen amorphem und mikrokristallinem Silizium in der Regel sehr schmal ist, können kleine Abweichungen in der Kristallinität zu großen Abweichungen beim Wirkungsgrad von μc-Si:H Solarzellen führen. Wie in **Abbildung 6.2** beobachtet werden kann, ist die Kristallinitätsverteilung über der Elektrodenlänge ebenfalls sehr homogen mit Abweichungen kleiner als ± 5 %. Eine homogene μc-Si:H Solarzellendeposition kann damit gewährleistet werden.

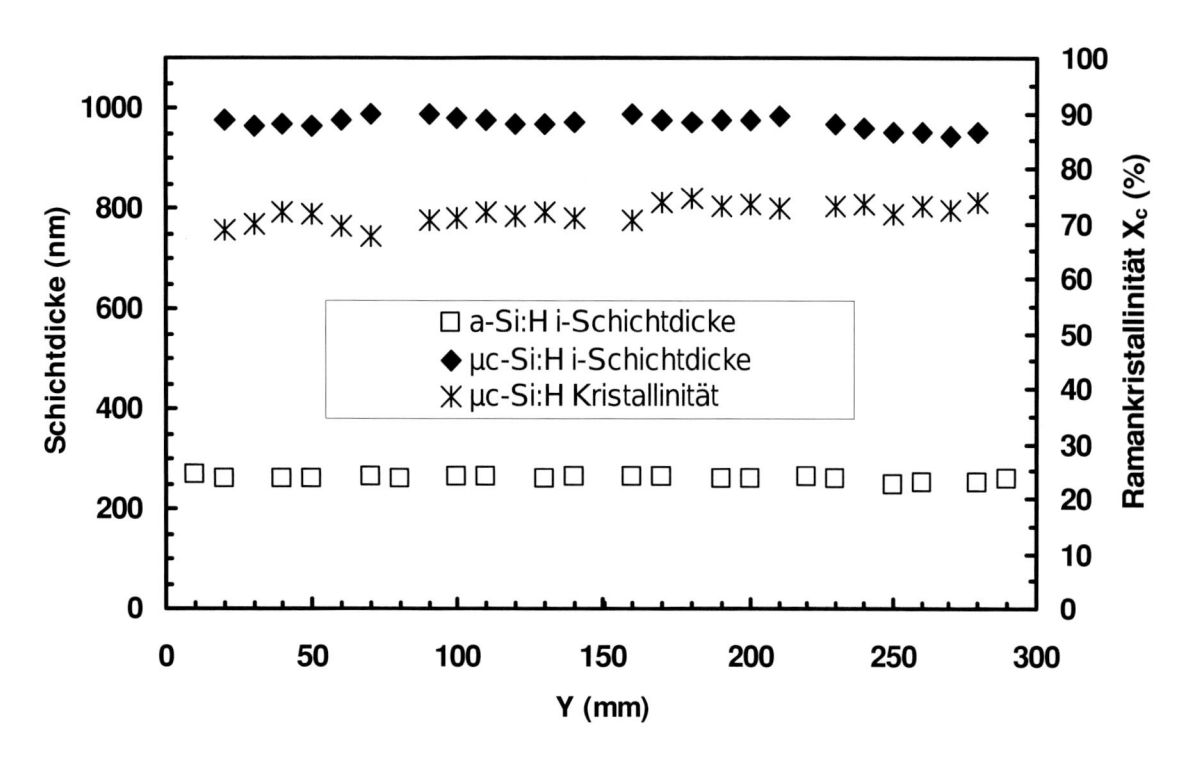

6.1 Optimierte a-Si:H- und µc-Si:H-Absorberschichten

Abbildung 6.2: Amorphe (offene Quadrate) und mikrokristalline (schwarze Rauten) Silizium i-Schichtdickenverteilung sowie Ramankristallinität (Sterne) von µc-Si:H über der VHF-Elektrodenlänge (Y-Achse).

Um ein vollständiges Bild der Homogenität der Abscheidung in X- und Y-Richtung zu erlangen wurden statische Beschichtungsprozesse auf Aluminiumfolie vorgenommen. Auf der Aluminiumfolie entstehen durch die Abscheidung charakteristische Farbmuster, die anschließend in 3D-Profile transformiert werden können. **Abbildung 6.3** zeigt exemplarisch ein Abscheideratenprofil für amorphes Silizium unter der VHF-Linearquelle bei 100 mW/cm². Die Gasausnutzung betrug bei dieser Testabscheidung weniger als 5 %. In Bewegungsrichtung des Substrates (X-Achse) sinkt die Abscheiderate im Randbereich des Plasmas aufgrund des abnehmenden elektrischen Feldes. Für die homogene Schichtdickenverteilung kann dieser Effekt bei der dynamischen Beschichtung vernachlässigt werden, da das Substrat das Plasma mit konstanter Geschwindigkeit durchquert. Des Weiteren sind im Randbereich des Plasmas in Bewegungsrichtung geringe Überhöhungen der Abscheiderate zu erkennen. Diese können durch den Plasma Skin-Effekt entstehen [175]. Bei VHF-Entladungen ist das Plasma aufgrund der hohen freien Ladungsträgerdichte sehr leitfähig. Das führt dazu, dass der Strom wie beim Skineffekt im elektrischen Leiter zur Oberfläche verdrängt wird. Im Plasma wird der Strom also in den Randbereich des Plasmas verdrängt. Die in diesem Bereich erhöhte Stromdichte führt zur stärkeren Zerlegung der Prozessgase und damit zu einer größeren Abscheiderate. Bei größeren als den hier untersuchten Gasausnutzungsgraden kann sich das Abscheideratenprofil aufgrund des größeren

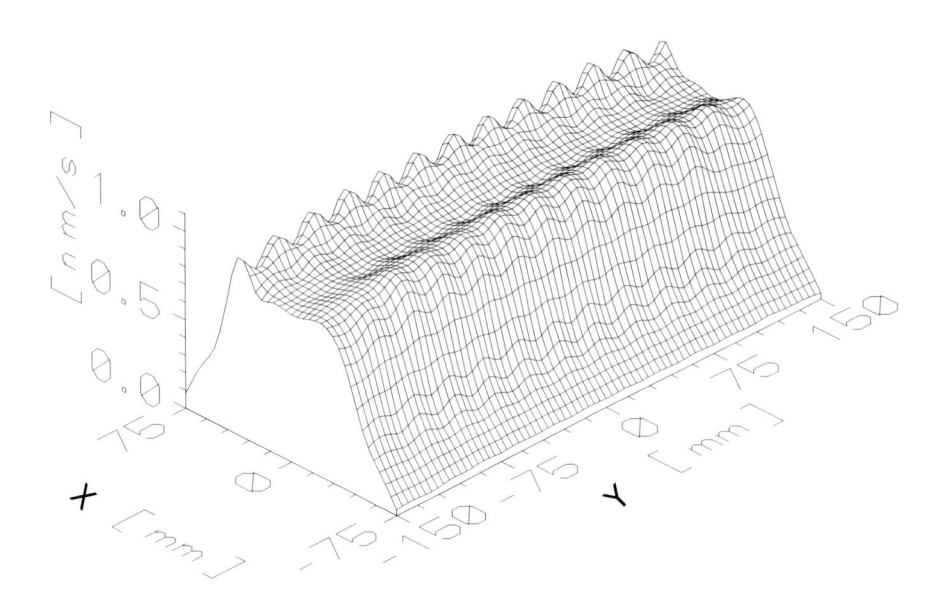

Abbildung 6.3: 3D-Homogenitätsprofil der Abscheidung von amorphem Silizium bei 81,36 MHz, 1000 sccm, 45 Pa und 100 mW/cm². Auf der Z-Achse ist die Abscheiderate angegeben.

Silanverbrauchs in Bewegungsrichtung (X) geringfügig ändern. Eine wesentliche Beeinträchtigung der a-Si:H Solarzellenqualität wird dadurch jedoch nicht erwartet. Die gute Homogenität in Y-Richtung ist für alle Positionen auf der X-Achse gewährleistet. Auch für zahlreiche andere als die hier untersuchten Prozessparameterkombinationen ist die gute Homogenität quer zur Bewegungsrichtung des Substrates sichergestellt.

6.2. Solarzellen

Für eine effiziente Herstellung von großflächigen Solarmodulen müssen nicht nur die i-Schichten homogen in Y-Richtung verteilt sein. Vielmehr muss die komplette Solarzellenstruktur so homogen abgeschieden werden, dass die Solarzellenkenndaten von Einzelsolarzellen entlang der Y-Richtung geringe Abweichungen aufweisen. Andernfalls kann es im Solarmodul aufgrund der Verschaltung der Einzelzellen zu Verlusten kommen.

Zur Untersuchung der Solarzellenhomogenität sind hier amorphe Solarzellen deponiert worden. Dazu wurden auf dem Substratträger mehrere Asahi-U Substrate entlang der Y-Richtung positioniert und eine p-i-n Struktur dynamisch darauf abgeschieden. Als Solarzellenrückkontakt ist Silber verwendet worden. Die Abscheideparameter der a-Si:H Teilschichten entsprachen in etwa denen der optimierten Solarzellen aus Kapitel 5.1.6. In **Abbildung 6.4** sind die positionsabhängigen Kenndaten von a-Si:H p-i-n Solarzellen dargestellt. Wie der Abbildung entnommen werden kann, sind alle Solarzellenparameter senkrecht zur Bewegungsrichtung des Substrates (Y-Richtung) sehr homogen verteilt. Die Abweichungen aller Kenndaten bewegen sich unterhalb von ± 1,5 %.

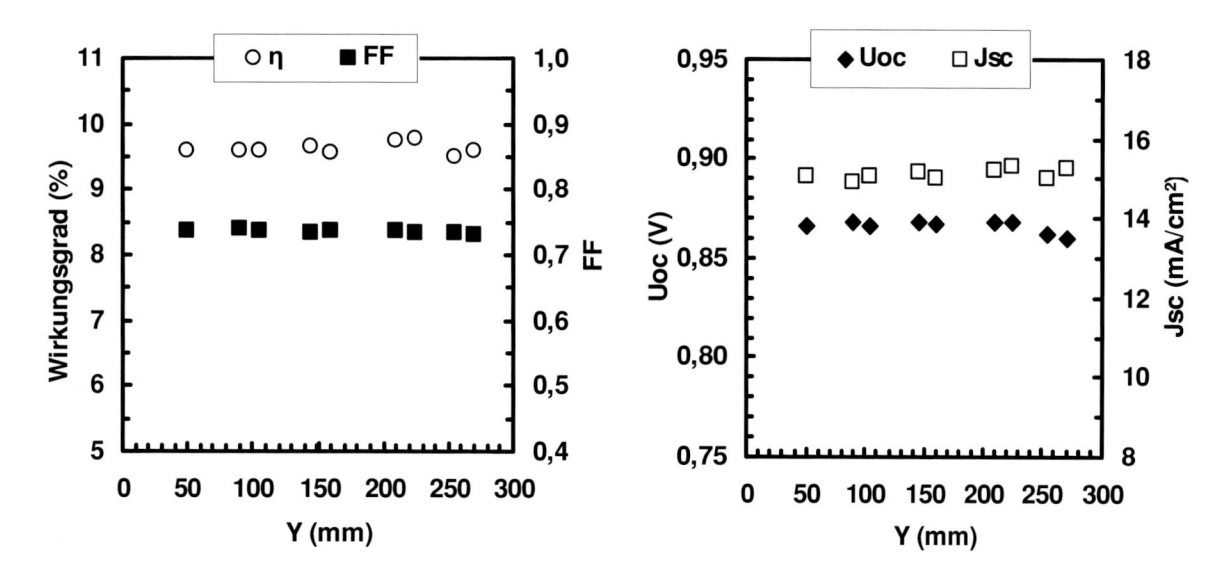

Abbildung 6.4: Homogenität der Solarzellenkenndaten Wirkungsgrad (offene Kreise), Füllfaktor (schwarze Quadrate), U_{oc} (schwarze Rauten) sowie J_{sc} (offene Quadrate) von a-Si:H Solarzellen senkrecht zur Bewegungsrichtung des Substrates (Y-Richtung)

6.3. Zusammenfassung

Die Homogenität der Abscheidung an der linearen VHF-Plasmaquelle quer zur Fahrtrichtung des Substrates wurde untersucht. Eine maximale Beschichtungslänge von 300 mm konnte im gegenwärtigen Anlagensetup in die Auswertung der Uniformität einbezogen werden. Sowohl die a-Si:H- als auch die µc-Si:H-Schichtdicke ist homogen über die Elektrodenlänge verteilt. Die Schichtdickenabweichungen für beide Materialien sind kleiner als ± 4 % (a-Si:H) und ± 2,5 % (µc-Si:H). Für mikrokristallines Silizium wurde zusätzlich die homogene Verteilung der Raman-Kristallinität nachgewiesen (< ± 5 %). In Fahrtrichtung sind gewisse Inhomogenitäten der Abscheiderate zu erkennen. Diese werden jedoch durch die dynamische Durchquerung des Plasmas nivelliert. Auch die Eigenschaften kompletter p-i-n Solarzellen sind homogen über die Elektrodenlänge verteilt (< ± 1,5 %). Einer großflächigen Beschichtung von Solarzellen mit dem System Linienquelle steht damit aus Homogenitätsgesichtspunkten nichts im Weg.

7. Untersuchung der Dynamik bei der Schichtabscheidung

Die Abscheidung von siliziumbasierten Dünnschichtsolarzellen mit Bewegung des Substrates (dynamische Abscheidung) gewinnt zusehends an Bedeutung [176 - 179]. Die Unterschiede, die sich aus der dynamischen Abscheidung im Vergleich zur statischen Abscheidung ergeben, sind bisher kaum untersucht. Bei der dynamischen PECVD wird ein, allein schon durch die lokale Begrenzung, inhomogenes Plasma durchquert. Beim Durchfahren eines solchen Plasmas werden entlang der Bewegungsrichtung Schichten mit unterschiedlichen Eigenschaften abgeschieden. Im äußersten Randbereich des Plasmas führt beispielsweise die abnehmende Feldstärke zu einer Verringerung der Abscheiderate. Es ist hinlänglich bekannt, dass mit der Abscheiderate von amorphem Silizium beispielsweise die Defektdichte des Materials korreliert [124, 126]. Es kann also angenommen werden, dass beim Durchqueren des Plasmas ein Mehrschichtsystem mit unterschiedlichen Teilschichteigenschaften abgeschieden wird. Im einfachsten Fall kann dies z.B. mit 3 Teilschichten angenähert werden. Die erste Teilschicht wird bei der Einfahrt ins Plasma bzw. bei der Durchquerung des Plasmarandbereichs gebildet. Teilschicht Nr. 2 wird beim Durchfahren des Plasmabulks und Teilschicht Nr. 3 beim Verlassen des Plasmas abgeschieden. Die Vermutung liegt nahe, dass solch dynamisch abgeschiedene Schichten andere Eigenschaften aufweisen als statisch im Plasmabulk abgeschiedene Schichten. Dies wird in diesem Kapitel für amorphe Siliziumschichten untersucht. In Abschnitt 7.1 werden experimentelle Ergebnisse zur statischen und dynamischen Schicht-/Solarzellendeposition vorgestellt. Anschließend wird in Kapitel 7.2 die dynamische Abscheidung mittels eines Mehrschichtansatzes modelliert und mit der statischen Deposition verglichen.

7.1. Experimentelle Ergebnisse

7.1.1. Einzelschichten

Um den Einfluss der Substratbewegung beim PECVD-Prozess zu untersuchen, muss zunächst bekannt sein, durch "was" sich das Substrat hindurch bewegt. Das bedeutet in diesem Fall, dass das Substrat Plasmabereiche durchquert, in denen amorphes Silizium mit unterschiedlicher Qualität aufwächst. Daher müssen zunächst die lokalen a-Si:H Schichteigenschaften entlang der Bewegungsrichtung des Substrates statisch (ohne Substratbewegung) untersucht werden. Der experimentelle Aufbau dafür entspricht dabei dem aus **Abbildung 6.1**. Der Substratträger wird zentral unter der VHF-Elektrode positioniert und bei der Schichtabscheidung nicht bewegt. Ausgewertet werden jetzt die Schichteigenschaften in Bewegungsrichtung des Substrates (X-Richtung). Dazu wurden zahlreiche Glas- bzw. kristalline Wafersubstrate auf dem Carrier verteilt um den gesamten Plasmabereich in X-

7. Untersuchung der Dynamik bei der Schichtabscheidung

VHF-Leistung (mW/cm²)	Druck (Pa)	Temperatur (°C)	Gasfluss SiH₄ (sccm)	Gasfluss H₂ (sccm)
140	30	180	200	800

Tabelle 7.1: Abscheideparameter von statischen a-Si:H Einzelschichten zur Untersuchung der Homogenität in Bewegungsrichtung

Richtung abzudecken. Anschließend wurden die Substrate vom Carrier entnommen und zur Messung vorbereitet. Mittels Transmissionsmessungen sowie elektrischen Messungen konnten als nächstes die optoelektronischen Schichteigenschaften sowie Struktureigenschaften des Materials ausgewertet werden. Die Depositionsparameter der a-Si:H Schichten sind in **Tabelle 7.1** zusammengefasst.

In **Abbildung 7.1** ist der positionsabhängige Verlauf der Abscheiderate und des Mikrostrukturfaktors dargestellt. Der Bereich der Ausdehnung der VHF-Elektrode (schraffierte Fläche) befindet sich zwischen den gestrichelten Linien. Die X-Achse erstreckt sich vom Gaseinlass (linke Diagrammbegrenzung) bei X = 0 mm bis zum Gasauslass (rechte Diagrammbegrenzung) bei X = 230 mm. Deutlich zu erkennen ist eine Überhöhung der Abscheiderate im Bereich der Elektrodengrenzen (gestrichelte Linien), die auf den Plasma Skin-Effekt zurückzuführen ist [175]. Die Abscheiderate ist in diesem Bereich um bis zu 44 % größer als im Plasmabulk. Der Mikrostrukturfaktor korreliert mit der Abscheiderate und ist im Bereich der Elektrodengrenze um bis zu 27 % erhöht im Vergleich zur Plasmamitte. Das Material wird in diesem Übergangsbereich also poröser als im Plasmabulk abgeschieden. Im äußersten Plasmarandbereich fallen sowohl die Schichtdicke als auch der Mikrostrukturfaktor ab.

Abbildung 7.2 zeigt den positionsabhängigen Verlauf der optischen Bandlücke (Tauc-Gap) sowie des Wasserstoffgehalts der statisch abgeschiedenen a-Si:H Schichten. Im Bereich der Elektrodengrenzen ist eine Erhöhung des Wasserstoffgehaltes zu erkennen, die zum äußeren Randbereich des Plasmas deutlich abfällt. Die optische Bandlücke verläuft tendenziell ähnlich und ist im Bereich der Elektrodenbegrenzung maximal 0,02 eV größer als im Plasmabulk. Ein direkter Zusammenhang zwischen erhöhtem Wasserstoffgehalt und optischer Bandlücke ist wahrscheinlich [142]. Die elektrischen Messungen der Dunkelleitfähigkeit sowie Aktivierungsenergie zeigten keinen eindeutigen Zusammenhang zur Position der Abscheidung im Prozessraum.

Die Ergebnisse der statischen Schichtabscheidung zeigen deutliche Unterschiede der Schichteigenschaften in Bewegungsrichtung des Substrates. Werden jedoch a-Si:H

7.1 Experimentelle Ergebnisse

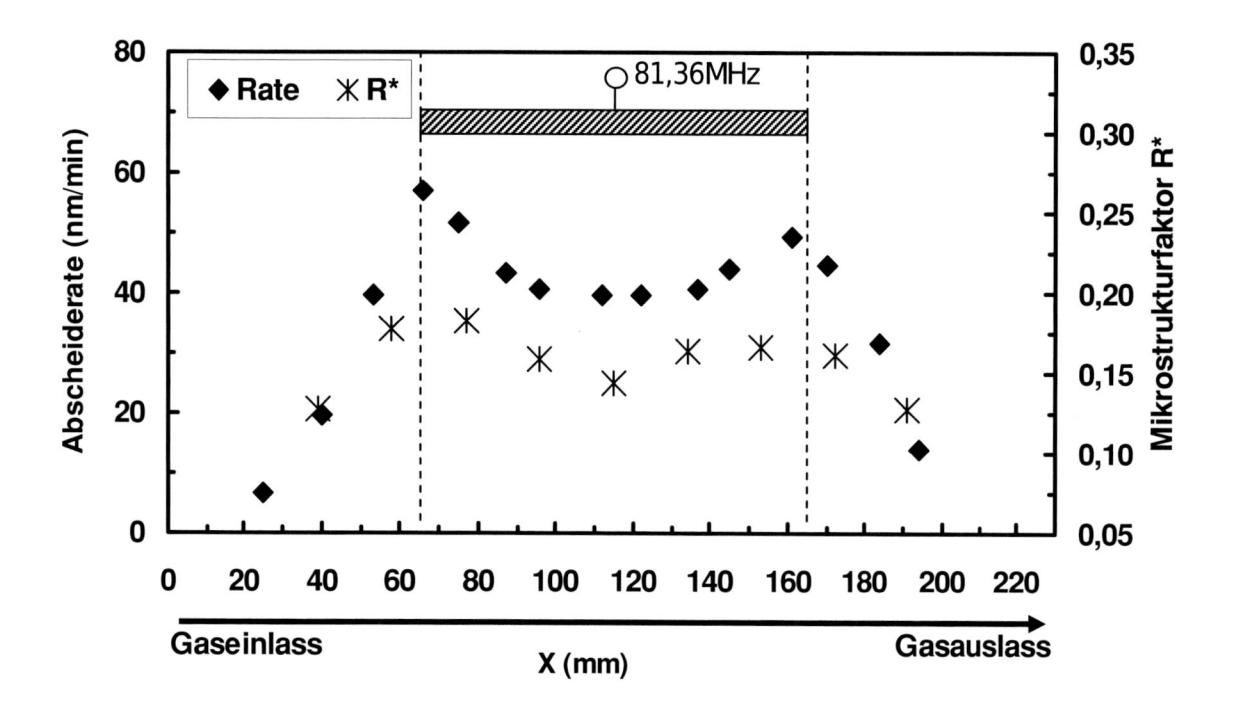

Abbildung 7.1: Abscheiderate (schwarze Rauten) sowie Mikrostrukturfaktor (Sterne) in Abhängigkeit der Position im Prozessraum. Die gestrichelten Linien markieren den Bereich der Ausdehnung der VHF-Elektrode (schraffierte Fläche) in X-Richtung.

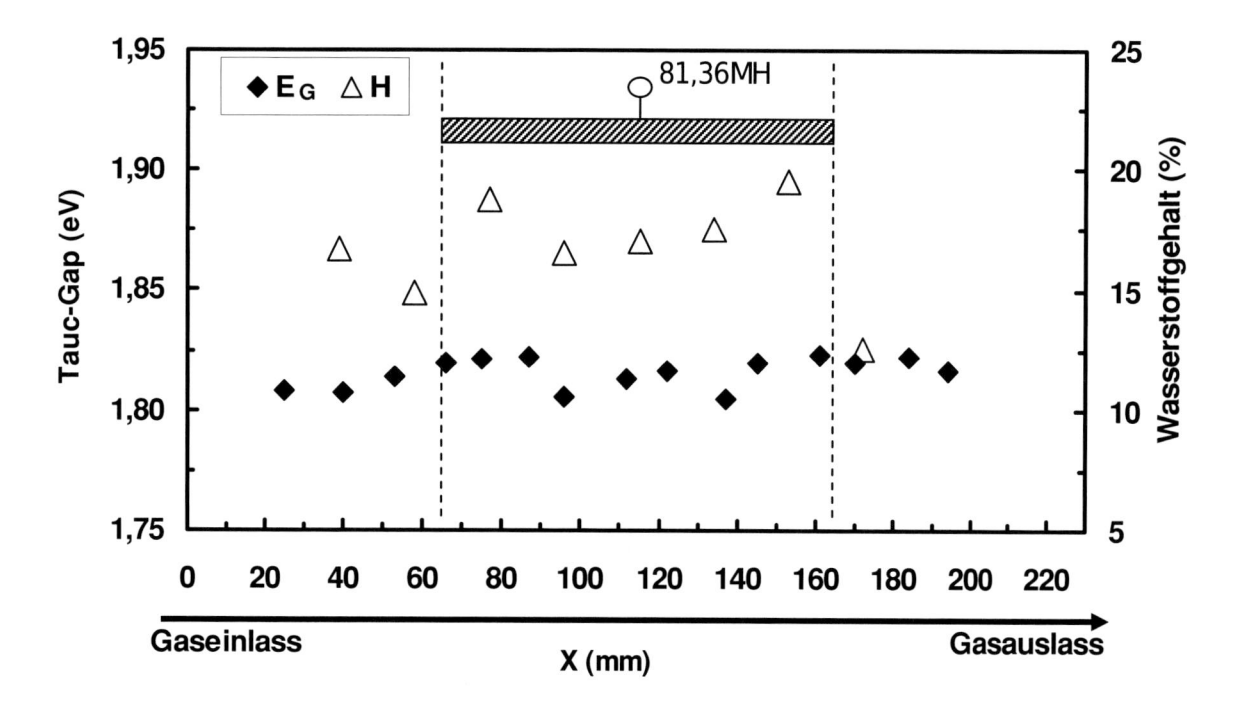

Abbildung 7.2: Bandlücke (Tauc-Gap - schwarze Rauten) sowie Wasserstoffgehalt (offene Dreiecke) als Funktion der Position X im Prozessraum. Die gestrichelten Linien markieren den Bereich der Ausdehnung der VHF-Elektrode (schraffierte Fläche).

Schichten mit identischen Parametern wie in **Tabelle 7.1** dynamisch hergestellt, erhält man nahezu gleiche Schichteigenschaften wie für statisch abgeschiedene Schichten. Es scheint also im Falle der dynamischen Deposition zum "Verschmieren" der unterschiedlichen Eigenschaften entlang der Bewegungsrichtung zu kommen.

7.1.2. Solarzellen

Im nächsten Schritt wurden a-Si:H Solarzellen dynamisch abgeschieden und mittels Sekundärionen-Massenspektrometrie (SIMS) analysiert. **Abbildung 7.3** zeigt das SIMS-Tiefenprofil einer a-Si:H p-i-n Solarzelle. Die SIMS-Messung beginnt an der 20 nm dicken n-Schicht der a-Si:H Solarzelle, erkennbar an der erhöhten Phosphorkonzentration in der Startphase des Abtrags. Darauf folgt die dynamisch, mit drei Plasmadurchquerungen abgeschiedene i-Schicht mit einer Gesamtdicke von 300 nm. Daran schließt sich die p-Schicht der Solarzelle (erhöhte Borkonzentration in der rechten Diagrammhälfte) sowie das kristalline Wafersubstrat (c-Si) an. Anhand des Verlaufs der Sauerstoffkonzentration mit der Abtragszeit lässt sich gut die Dynamik der i-Schichtabscheidung nachvollziehen. Während das Substrat die Mitte des Plasmas durchfährt, ist die Sauerstoffkonzentration niedrig ($< 10^{19}$ 1/cm³). Verlässt das Substrat das Plasma, steigt die Sauerstoffkonzentration auf Werte größer als 10^{19} 1/cm³ an. Fährt das Substrat anschließend erneut ins Plasma ein, so sinkt die Sauerstoffkonzentration allmählich wieder auf Werte kleiner als 10^{19} 1/cm³. Die drei Bereiche mit niedriger Sauerstoffkonzentration zwischen und neben den Peaks mit erhöhter Sauerstoffkonzentration sind dementsprechend den drei Plasmadurchquerungen bei der i-Schichtabscheidung zuzuordnen.

Die mit den Plasmadurchquerungen oszillierende Sauerstoffkonzentration zeigt noch einmal, dass dynamisch abgeschiedenes amorphes Silizium aus mehreren Teilschichten mit unterschiedlichen Schichteigenschaften und unterschiedlicher Schichtzusammensetzung bestehen muss. Die lokalen Gebiete, in denen Material mit unterschiedlicher Sauerstoffkonzentration abgeschieden wird, werden mit konstanter Geschwindigkeit durchfahren und spiegeln sich in einem inhomogenen Schichtstapel der aufwachsenden a-Si:H Schicht wieder.

Anhand der bisherigen Ergebnisse könnte vermutet werden, dass die lokalen Unterschiede in der Schichtzusammensetzung (O-Konzentration, Wasserstoffgehalt) und Schichtstruktur (Mikrostrukturfaktor) entlang der Bewegungsrichtung des Substrates in irgendeiner Weise auch die Eigenschaften dynamisch abgeschiedener Solarzellen beeinflussen. Um dies zu untersuchen, wurden a-Si:H p-i-n Solarzellen statisch im Plasmabulk ohne Substratbewegung, als auch dynamisch mit unterschiedlichen Durchlaufgeschwindigkeiten

7.1 Experimentelle Ergebnisse

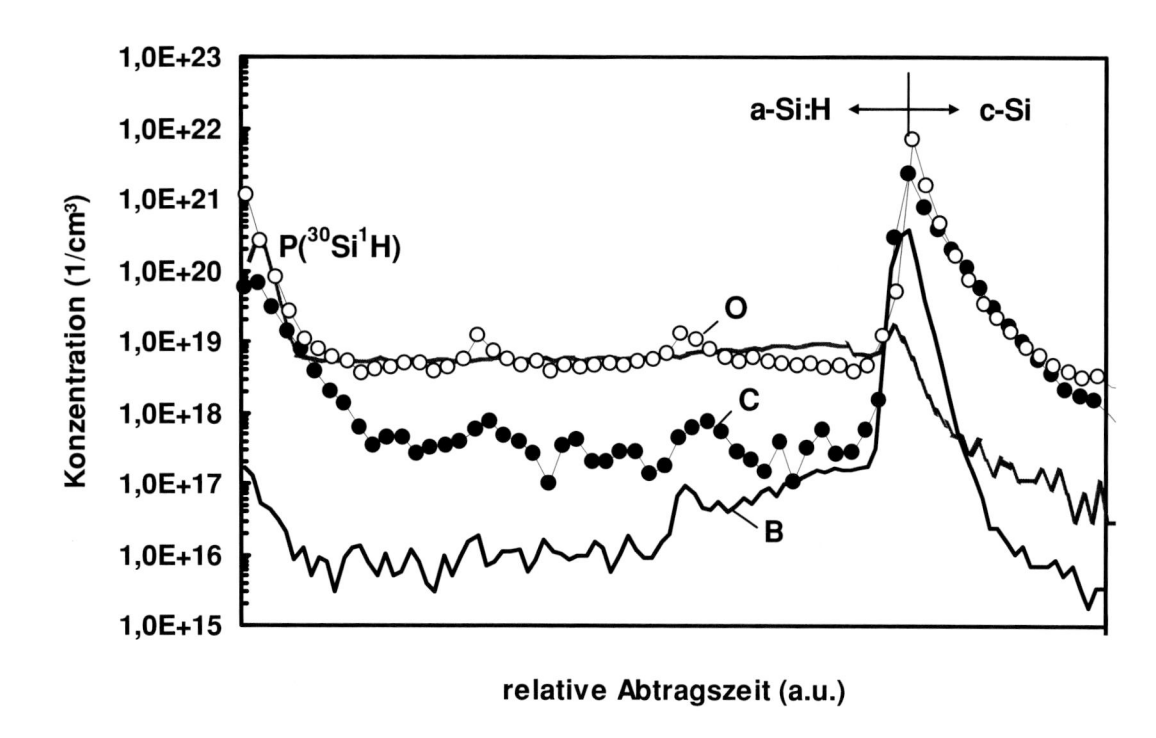

Abbildung 7.3: SIMS-Tiefenprofilmessung einer dynamisch abgeschiedenen a-Si:H p-i-n Solarzelle; Sauerstoff (offene Kreise), Kohlenstoff (schwarze Kreise), Bor (durchgezogene Linie), Phosphor (gestrichelte Linie)

(45 mm/min - 500 mm/min), hergestellt. **Abbildung 7.4** zeigt die Kenngrößen von a-Si:H p-i-n Solarzellen in Abhängigkeit der Durchlaufgeschwindigkeit. Sowohl die Leerlaufspannung als auch die Kurzschlussstromdichte bleiben bis zur maximalen Durchlaufgeschwindigkeit von 500 mm/min in etwa konstant. Lediglich der Füllfaktor ist für statisch abgeschiedene Solarzellen etwas größer im Vergleich zu dynamisch abgeschiedenen Solarzellen (+ 2 % absolut).

Nach 500 Stunden AM 1.5 Lichtalterung ist der Unterschied der Solarzellenkenndaten von statisch und dynamisch abgeschiedenen Solarzellen geringfügig verstärkt (vgl. offene Dreiecke in **Abbildung 7.4**, Nullpunkt vs. 45 - 500 mm/min). Dennoch kann festgehalten werden, dass die Dynamik der Abscheidung nur einen sehr kleinen Einfluss auf die Solarzellenkenngrößen hat. Das ist bemerkenswert wenn man beachtet, dass z.B. bei der maximalen Durchlaufgeschwindigkeit das inhomogene Plasma 22-mal durchquert wird. Dementsprechend durchfährt das Substrat auch 22-mal Bereiche mit höherer und niedrigerer Abscheiderate, Mikrostrukturfaktor, Wasserstoffgehalt und Sauerstoffkonzentration. Dennoch bleiben die Solarzelleneigenschaften davon weitgehend unbeeinflusst. Um dies besser zu verstehen, wird im nächsten Abschnitt ein theoretisches Modell der dynamisch abgeschiedenen a-Si:H Solarzelle entwickelt.

7. Untersuchung der Dynamik bei der Schichtabscheidung

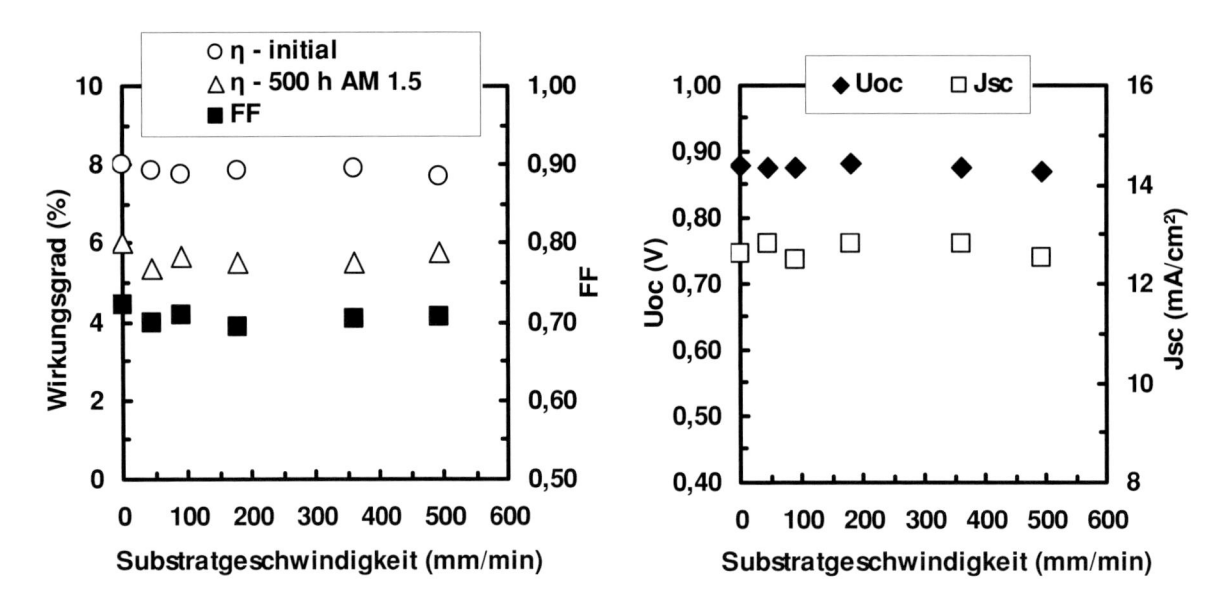

Abbildung 7.4: Solarzellenkenngrößen initialer/ degradierter Wirkungsgrad (offene Kreise/ Dreiecke), Füllfaktor (schwarze Quadrate), U_{oc} (schwarze Rauten) sowie J_{sc} (offene Quadrate) von statisch und dynamisch mit unterschiedlichen Substratgeschwindigkeiten hergestellten a-Si:H p-i-n Solarzellen.

7.2. Modellierung der dynamischen Abscheidung

Im vorangegangenen Abschnitt wurden experimentelle Ergebnisse zur statischen und dynamischen Deposition von a-Si:H Einzelschichten und Solarzellen vorgestellt. Eine wesentliche Erkenntnis war, dass dynamisch hergestellte Solarzellen sehr ähnliche Kenndaten aufweisen wie statisch hergestellte Solarzellen. Das ist erstaunlich, da bei der dynamischen Solarzellenabscheidung in Bewegungsrichtung des Substrates Bereiche durchfahren werden, in denen a-Si:H Schichten mit unterschiedlichen Eigenschaften aufwachsen. Zum besseren Verständnis dieses scheinbaren Gegensatzes wird in diesem Abschnitt ein Modell zur Beschreibung der dynamischen Solarzellenabscheidung entwickelt. Zunächst werden in Kapitel 7.2.1 die physikalischen Grundlagen der a-Si:H Solarzellenmodellierung kurz vorgestellt. Anschließend wird das allgemeine Modell in Abschnitt 7.2.2 an eine in dieser Arbeit dynamisch hergestellte a-Si:H p-i-n Solarzelle angepasst. In den folgenden Abschnitten wird dann ein Mehrschichtmodell der "dynamischen Solarzelle" mit fünf untergliederten i-Schichten entwickelt und diskutiert, welches zum besseren Verständnis der experimentellen Ergebnisse aus Kapitel 7.1 beitragen soll.

7.2.1. Physikalisches Modell der a-Si:H Solarzelle

Aufgrund der Struktur der Solarzelle reichen allgemein eindimensionale Modelle aus, um die Gegebenheiten im Bauteil abzubilden. Zur mathematischen Beschreibung von Solarzellen

7.2 Modellierung der dynamischen Abscheidung

werden die allgemeinen Halbleitergleichungen verwendet. Die Poissongleichung in eindimensionaler Form (Gleichung 7.1) verknüpft das elektrostatische Potential ψ mit der Raumladungsdichte ρ:

Gleichung 7.1: $\quad \dfrac{d^2\psi}{dx^2} = -\dfrac{\rho}{\varepsilon}$

In dieser Gleichung ist ε die Permittivität des Halbleiters. Die x-Koordinate beschreibt hier die Solarzellendicke ($x = 0 \rightarrow$ Frontkontakt der Solarzelle, $x = L \rightarrow$ Rückkontakt) und ist nicht mit der im vorigen Kapitel verwendeten x-Achsenbezeichnung zu verwechseln. Die klassischen Transportgleichungen für Elektronen (Gleichung 7.2) und Löcher (Gleichung 7.3) beschreiben die zeitliche Änderung der Ladungsträger im Halbleiter. Da die Leistungsumwandlung in Solarzellen im stationären Zustand betrachtet wird, ergibt sich für $dn/dt = 0$ bzw. $dp/dt = 0$.

Gleichung 7.2: $\quad \dfrac{dn}{dt} = \dfrac{1}{q}\dfrac{dJ_n}{dx} + G_{opt} - R_{net}$

Gleichung 7.3: $\quad \dfrac{dp}{dt} = -\dfrac{1}{q}\dfrac{dJ_p}{dx} + G_{opt} - R_{net}$

In Gleichung 7.2 und Gleichung 7.3 sind n (p) die Elektronenkonzentration (Löcherkonzentration), J_n (J_p) die Elektronenstromdichte (Löcherstromdichte), G_{opt} die optische Generationsrate und R_{net} die Nettorekombinationsrate. Ursache für einen Stromfluss im Halbleiter (J_n, J_p) kann einerseits ein elektrisches Feld (Driftstrom) oder andererseits ein ortsabhängiger Gradient der Ladungsträgerkonzentration (Diffusionsstrom) sein. Beide Komponenten sind in den Stromdichtegleichungen für Elektronen (Gleichung 7.4) und Löcher (Gleichung 7.5) enthalten.

Gleichung 7.4: $\quad J_n = qD_n\dfrac{dn}{dx} - qn\mu_n\dfrac{d\psi}{dx}$

Gleichung 7.5: $\quad J_p = -qD_p\dfrac{dp}{dx} - qp\mu_p\dfrac{d\psi}{dx}$

Die Diffusionskomponente des Stroms (linker Term in Gleichung 7.4 bzw. Gleichung 7.5) enthält zusätzlich zu den bereits bekannten Größen die Diffusionskonstante D_n bzw. D_p. In die Driftkomponente des Stroms (rechter Term in Gleichung 7.4 bzw. Gleichung 7.5) geht zusätzlich die Elektronenmobilität (Löchermobilität) μ_n (μ_p) ein. Die obigen Stromgleichungen gelten nur für räumlich homogenes Material. Sind räumliche Diskontinuitäten der Materialeigenschaften vorhanden, müssen in die Stromgleichungen weitere Größen einbezogen werden. Ferner ist die in der Poissongleichung enthaltene Raumladungsdichte für amorphe Halbleiter gegeben durch:

Gleichung 7.6: $\quad \rho = q\left(p - n + p_t - n_t + N_D^+ - N_A^-\right)$

Dabei sind n_t bzw. p_t die Konzentrationen der in lokalen Zuständen in der Mobilitätslücke eingefangenen Ladungsträger, N_D^+ bzw. N_A^- sind die Konzentrationen der ionisierten aktiven Donatoren bzw. Akzeptoren.

Die Nettorekombinationsrate R_{net} in den Transportgleichungen (Gleichung 7.2 und Gleichung 7.3) setzt sich aus drei Anteilen für die Nettorekombination in Valenzbandausläuferzuständen (R_{VB}), Leitungsbandausläuferzuständen (R_{CB}) und Dangling-Bond Zuständen (R_{DB}) zusammen:

Gleichung 7.7: $\quad R_{net} = R_{VB} + R_{CB} + R_{DB}$

Für die drei Anteile an der Nettorekombinationsrate ergeben sich Terme, die die Zustandsdichte in der Bandlücke $N(E)$ multipliziert mit der Rekombinationseffizienz $\eta_R(E)$ über alle Energieniveaus in der Bandlücke integrieren:

Gleichung 7.8: $\quad R = \int_{Ev}^{Ec} N(E) \cdot \eta_R(E) dE$

Die Rekombinationseffizienz ist dabei als der Rekombinationsratenbeitrag pro Zustand in der Bandlücke definiert. Die Zustandsdichten $N(E)$ sind für die Bandausläufer exponentiell zur Bandmitte abfallende Funktionen. Im Falle der Dangling-Bond Zustände in der Mitte der Bandlücke wird die Zustandsdichte hier über das Standardmodell mit zwei Gaußverteilungen approximiert. Die Rekombinationseffizienz wird für die Bandausläuferzustände über die R-G Statistik nach Shockley-Read-Hall berechnet [180, 181]. Es fließen Größen wie die Einfangquerschnitte für Elektronen und Löcher, thermische Emissionskoeffizienten und die Ladungsträgerkonzentrationen n und p ein. Die Bandausläuferzustände sind dadurch

7.2 Modellierung der dynamischen Abscheidung

charakterisiert, dass sie entweder unbesetzt oder durch ein Elektron besetzt sein können. Die Rekombinationseffizienz für Dangling-Bond Zustände wird über die R-G Statistik nach Sah und Shockley [182] für amphotere Zustände berechnet. Amphotere Zustände können unbesetzt (positiv geladen), einfach besetzt (neutral) oder durch zwei Elektronen besetzt (negativ geladen) sein.

Das optische Generationsprofil G_{opt} kann aus dem Absorptionsprofil der Photonen in der Solarzelle gewonnen werden. Durch die Vielschichtigkeit und zahlreiche raue Grenzflächen ist die Solarzelle ein komplexes optisches System. Die Berechnung des optischen Generationsprofils muss die Reflektion, Transmission, Streuung und Absorption in allen Teilschichten und Grenzflächen berücksichtigen. Zur Berechnung der optischen Generation wurde hier das sogenannte GENPRO3 Modell verwendet [183].

Zur simultanen Lösung der oben genannten gekoppelten partiellen Differentialgleichungen (Gleichung 7.1 - Gleichung 7.5) wird in dieser Arbeit das an der TU-Delft entwickelte Simulationsprogramm Advanced Semiconductor Analysis (ASA) verwendet [183]. ASA verwendet die Finite-Differenzen-Methode zur Lösung der Differentialgleichungen. Dabei wird ein Gitter mit endlich vielen Gitterpunkten generiert und es entsteht ein System aus mehreren nichtlinearen algebraischen Gleichungen. Diese werden in dieser Arbeit mit einer Kombination aus der Gummelmethode [184] und dem Newtonschen Iterationsverfahren numerisch gelöst. Als unabhängige Variablen werden in dem Programm das elektrostatische Potential ψ sowie die Ladungsträgerkonzentrationen n und p verwendet. Die Lösung der partiellen Differentialgleichungen wird wesentlich durch die Randbedingungen beeinflusst. Diese werden in der eindimensionalen Solarzellensimulation an den zwei Bauteilgrenzen Front- ($x = 0$) und Rückkontakt ($x = L$) definiert. In ASA können die zwei Kontaktarten Ohmsch sowie Schottky festgesetzt werden. In dieser Arbeit wurden Schottky-Kontakte angenommen. Die Randbedingungen an den Solarzellenkontakten werden durch Oberflächenrekombinationsprozesse bestimmt. Die Elektronen und Löcherstromdichten an den Kontakten ergeben sich durch:

Gleichung 7.9: $\quad J_n(x=0) = qS_{n0}\left(n(x=0) - n_{eq}(x=0)\right)$

Gleichung 7.10: $\quad J_n(x=L) = qS_{nL}\left(n(x=L) - n_{eq}(x=L)\right)$

Gleichung 7.11: $\quad J_p(x=0) = qS_{p0}\left(p(x=0) - p_{eq}(x=0)\right)$

Gleichung 7.12: $\quad J_p(x=L) = qS_{pL}\left(p(x=L) - p_{eq}(x=L)\right)$

wobei S_{n0} (S_{nL}) bzw. S_{p0} (S_{pL}) die Oberflächenrekombinationsgeschwindigkeiten für Elektronen und Löcher an der Stelle $x = 0$ ($x = L$) sind. Die Größen n_{eq} und p_{eq} stellen die Elektronen und Löcherkonzentrationen im thermodynamischen Gleichgewicht an den Kontakten dar.

7.2.2. Simulation einer dynamisch hergestellten a-Si:H p-i-n Solarzelle

Zur Simulation einer einfachen a-Si:H p-i-n Solarzelle in ASA sind bereits weit über fünfzig Inputparameter zu spezifizieren. Auf eine messtechnische Erfassung einzelner Parameter wurde in dieser Arbeit verzichtet. Vielmehr wurden aus zahlreichen Literaturstellen [25, 135, 185 - 188] Inputgrößen wie z.B. die Zustandsdichten im Leitungs- und Valenzband, die Defektdichte, die Ladungsträgermobilitäten usw. zusammengetragen und als Startgrößen zur Simulation verwendet. Anschließend wurden die Startgrößen solange variiert, bis die simulierte J/U-Kennlinie unter AM 1.5 Beleuchtung an eine gemessene Kennlinie der dynamisch, bei 500 mm/min hergestellten a-Si:H p-i-n Solarzelle aus **Abbildung 7.4** angepasst war. **Tabelle 7.2** fasst die wichtigsten, so generierten Inputparameter zusammen. Zusätzlich zu diesen Parametern sind der Serien- und Parallelwiderstand aus dem Ersatzschaltbild der Solarzelle in der Simulation eingefügt. Die i-Schichtdicke der simulierten und gemessenen Solarzellen betrug 330 nm. Als Frontkontakt wurde in der Simulation ein 600 nm dickes TCO verwendet. Die wellenlängenabhängigen nk-Daten[1] des TCO-Materials sind Werte für das hier verwendete Asahi-U Glas. Als Rückkontakt ist in der Simulation als auch in der dynamisch hergestellten a-Si:H Solarzelle eine 300 nm dicke Aluminiumschicht verwendet worden. Zwei optische Grenzflächen zwischen TCO und p-Schicht sowie zwischen n-Schicht und Aluminium wurden in der Bauteilsimulation eingefügt. Die Grenzflächeneigenschaften sind durch diverse Streuungskenngrößen wie z.B. dem Haze-Parameter[2] näher spezifiziert. Das Substrat der Solarzelle ist in der Simulation als ein 1 mm dickes Glas mit einem Brechungsindex von 1,5 hinterlegt. Somit entspricht der Aufbau der simulierten Solarzelle in guter Näherung der real, dynamisch abgeschiedenen a-Si:H Solarzelle.

In **Abbildung 7.5** ist die gemessene und simulierte J/U-Kennlinie unter Beleuchtung dargestellt. Der Abbildung ist zu entnehmen, dass ein guter Fit der simulierten Kennlinie an

---

[1] n - Brechungsindex, k - Extinktionskoeffizient

[2] Haze-Parameter: Verhältnis des gestreut reflektierten (transmittierten) Lichts zum gerichtet reflektierten (transmittierten) Licht.

7.2 Modellierung der dynamischen Abscheidung

Materialeigenschaften/ Kontakte	p	i	n	Einheit
Frontkontaktbarriere (Φ_{b0})		1,37		eV
Rückkontaktbarriere (Φ_{bL})			0,25	eV
Mobilitätslücke (E_G^{mob})	1,82	1,76	1,78	eV
Aktivierungsenergie (E_A)	0,55	0,83	0,2	eV
rel. Dielektrizitätskonstante (ε_r)	7,2	11,9	11,9	
Elektronenaffinität (χ)	4,06	4,06	4,1	eV
effektive Zustandsdichte Leitungsband (N_C)	1,0E+26	1,0E+26	1,0E+26	1/m³
effektive Zustandsdichte Valenzband (N_V)	1,0E+26	1,0E+26	1,0E+26	1/m³
Elektronenbeweglichkeit (μ_e)	10E-04	20E-04	20E-04	m²/Vs
Löcherbeweglichkeit (μ_h)	2,0E-04	5,0E-04	5,0E-04	m²/Vs
Dangling Bonds	**p**	**i**	**n**	**Einheit**
Korrelationsenergie (U)	0,2	0,2	0,2	eV
Einfangrate neutraler Zustände (C_0)	3,0E-15	3,0E-15	3,0E-15	m³/s
Einfangrate geladener Zustände ($C_{+/-}$)	30E-15	30E-15	30E-15	m³/s
Defektdichte (N_{db})	8,0E+24	3,5E+22	2,0E+25	1/m³
Bandausläufer	**p**	**i**	**n**	**Einheit**
Einfangrate neutraler Zustände (C_0)	7,0E-16	7,0E-16	7,0E-16	m³/s
Einfangrate geladener Zustände ($C_{+/-}$)	7,0E-16	7,0E-16	7,0E-16	m³/s
Zustandsdichte Leitungsbandkante (N_{C0})	2,0E+27	8,0E+27	1,0E+27	1/m³eV
Zustandsdichte Valenzbandkante (N_{V0})	1,0E+27	4,0E+27	2,0E+27	1/m³eV
charakteristische Energie Leitungsband (E_{C0})	0,07	0,032	0,07	eV
charakteristische Energie Valenzband (E_{V0})	0,08	0,049	0,08	eV

Tabelle 7.2: Ausgewählte Inputgrößen zur Simulation einer statisch hergestellten a-Si:H p-i-n Solarzelle in ASA. Dicke der Einzelschichten: p - 10 nm, i - 330 nm, n - 20 nm

die gemessene Kennlinie erreicht wurde. Bei der Fit-Prozedur ist darauf geachtet worden, dass sich die Parameter innerhalb realistischer Grenzen bewegen. Es ist jedoch anzumerken, dass bei der Vielzahl der Inputgrößen mehrere Parameterkombinationen möglich sind, um eine reale Solarzellenkennlinie anzunähern.

7.2.3. Solarzellenmodell mit fünffach untergliederter Absorberschicht

Wie bereits weiter oben beschrieben, durchfährt das Substrat bei der dynamischen PECVD Plasmabereiche, in denen a-Si:H Schichten mit unterschiedlicher Qualität aufwachsen. In **Abbildung 7.6** - links ist nochmals das Abscheideratenprofil für die i-Schichtdeposition der dynamischen Solarzellenabscheidung aus Kapitel 7.1.2 abgebildet. Die Abbildung enthält fünf Teilbereiche (I - V), die durch gestrichelte Linien gekennzeichnet sind. Anhand der experimentellen Befunde aus Kapitel 7.1 ist bekannt, dass in den fünf Zonen jeweils Material mit unterschiedlichen Eigenschaften abgeschieden wird. Durchfährt das Substrat die fünf Plasmabereiche mit konstanter Geschwindigkeit bei der i-Schichtabscheidung der Solarzelle,

7. Untersuchung der Dynamik bei der Schichtabscheidung

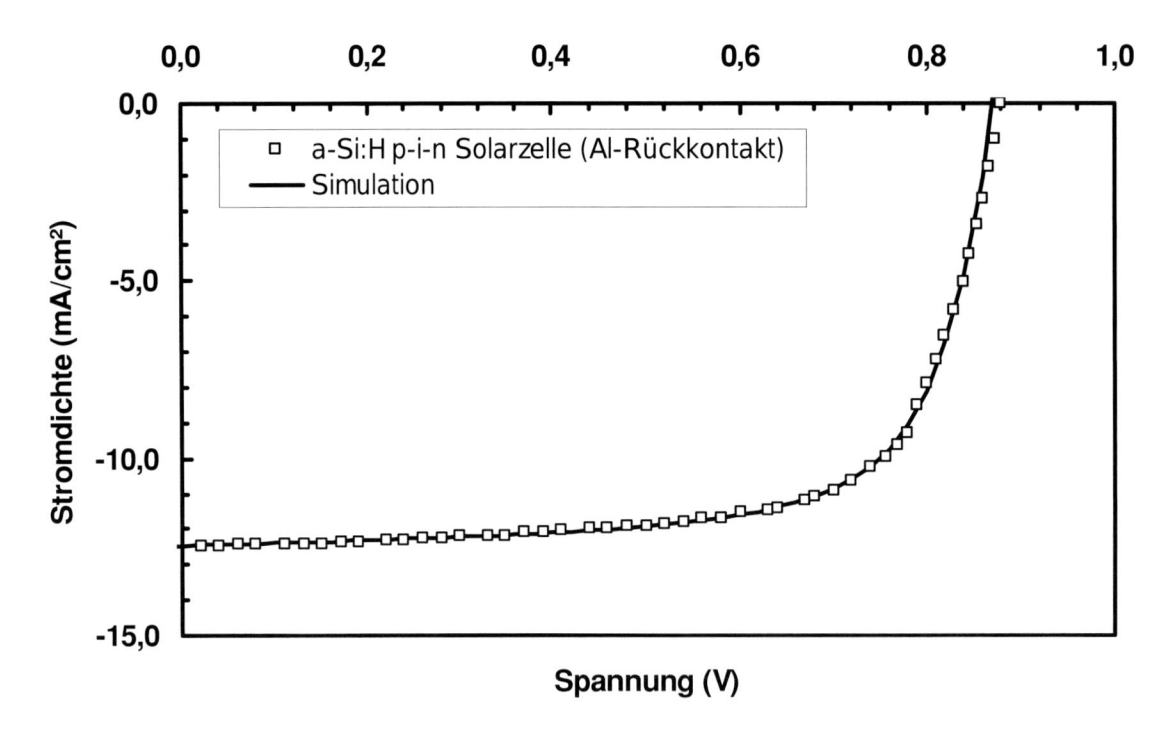

Abbildung 7.5: Simulierte (durchgezogene Linie) und gemessene J-V Kennlinie unter AM 1.5 Beleuchtung (offene Quadrate) einer dynamisch hergestellten a-Si:H p-i-n Solarzelle mit Aluminium-Rückkontakt.

bilden sich im Absorber die fünf Zonen wie in **Abbildung 7.6** - rechts dargestellt ab. Eine Solarzellenstruktur, in der die i-Schicht aus mehreren Teilschichten mit unterschiedlichen Eigenschaften besteht, lässt sich im Simulationsprogramm ASA berechnen. Zunächst müssen dazu jedoch die Teilschichtdicken ermittelt werden, die sich in den einzelnen Beschichtungszonen I - V ergeben. Dazu wurde das Ratenprofil aus **Abbildung 7.6** - links mittels einer Polynomfunktion 6.Grades approximiert. Mit der Gleichung:

Gleichung 7.13: $\qquad d = \int R(X)dt \qquad$ mit: $dt = \dfrac{dX}{v}$

ergibt sich:

Gleichung 7.14: $\qquad d = \dfrac{1}{v}\int R(X)dX$

Dabei ist d die Schichtdicke, $R(X)$ die polynomiale Funktion der Abscheiderate in Abhängigkeit des Weges X durch den Abscheidebereich und v die Geschwindigkeit des Substrates. Integriert man $R(X)$ bei konstanter Geschwindigkeit über die jeweils definierten Abscheidezonen, so erhält man die in **Abbildung 7.6** - rechts angegebenen Teil-

7.2 Modellierung der dynamischen Abscheidung

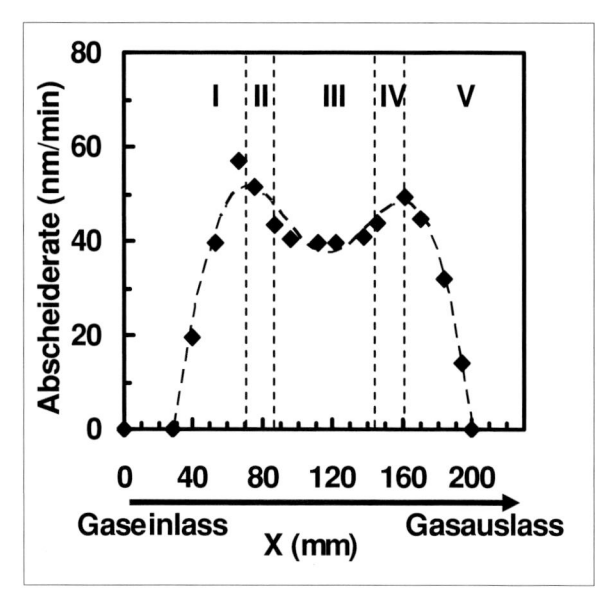

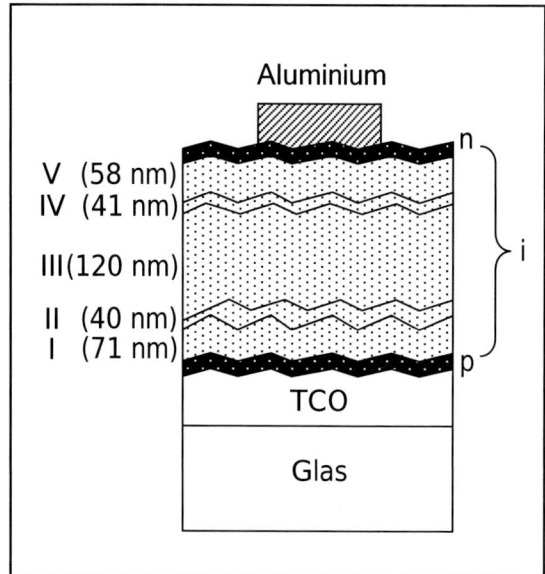

Abbildung 7.6: Abscheideratenprofil mit Beschichtungszonen I - V (links) sowie nach Durchfahren der Zonen entstehende a-Si:H p-i-n Solarzellenstruktur mit fünffach unterteiltem Absorber (rechts).

schichtdicken. Die Geschwindigkeit des Substrates, die für die vollständige Absorberabscheidung von 330 nm zu wählen ist, erhält man ebenfalls aus Gleichung 7.14, indem man über die komplette Abscheidezone hinweg integriert. Die Geschwindigkeit beträgt dann 16,5 mm/min.

Für die Simulation der "gestapelten" Solarzellenstruktur müssen nun Annahmen getroffen werden, welche Schichtparameter sich in den einzelnen Abscheidezonen I - V in welchem Maße ändern. Allgemeine Sensitivitätsanalysen der Größen aus **Tabelle 7.2** [186] helfen dabei wenig, da es zu viele Modellparameter gibt, die starken Einfluss auf die Solarzellenkenngrößen Leerlaufspannung, Kurzschlussstromdichte und Füllfaktor haben. Deshalb wurde hier auf die experimentellen Ergebnisse aus Abschnitt 7.1 zurückgegriffen. Dort konnten im Wesentlichen drei Effekte beobachtet werden. Der Mikrostrukturfaktor, Wasserstoffgehalt und die optische Bandlücke zeigen in Bewegungsrichtung des Substrates eine Überhöhung im Bereich der Elektrodengrenzen. Des Weiteren ist die Sauerstoffkonzentration im äußersten Plasmarandbereich erhöht im Vergleich zum Plasmabulk. Schließlich variiert auch die Abscheiderate stark in Bewegungsrichtung. Da Effekte wie Schichtstruktur oder Schichtzusammensetzung nicht direkt in ASA implementierbar sind, müssen Korrelationen dieser Faktoren zu wichtigen Modellparametern gefunden werden. Einer der wichtigsten Modellparameter für amorphes Silizium ist die Defektdichte in der Mitte der Mobilitätslücke. Allein die starke Variation der Abscheiderate mit der Position im Plasma lässt auf starke Defektdichteschwankungen im Material schließen [124, 126]. Auch der variierende Mikrostrukturfaktor sowie Wasserstoffgehalt sind Indikatoren für unterschiedliche Defektdichten der a-Si:H Schichten in X-Richtung [124, 189]. Durch die erhöhte Sauerstoffkonzentration im Plasmarandbereich ist hingegen nicht mit einer erhöhten Defektdichte zu rechnen. Dazu befindet sich die O-Konzentration insgesamt auf einem zu niedrigen Niveau. Stutzmann et al. finden erst ab einer O-Konzentration von größer als 1,0E+20 1/cm³ eine Erhöhung der Defektdichte von a-Si:H Schichten [157]. Des Weiteren ist Sauerstoff dafür bekannt, die Bandlücke von amorphem Silizium aufzuweiten [190, 191]. Es ist jedoch nicht davon auszugehen, dass die beobachtete Konzentrationsveränderung von Sauerstoff auf einem derart niedrigen Niveau einen signifikanten Einfluss auf die Bandlücke von a-Si:H hat. Ein solcher Einfluss ist auch anhand der Ergebnisse aus **Abbildung 7.2** in den äußersten Plasmarandbereichen nicht erkennbar.

Zusammenfassend kann anhand der experimentellen Befunde geschlussfolgert werden, dass sich die Defektdichte im äußersten Plasmarandbereich (Zone I bzw. V) aufgrund der niedrigen Abscheiderate auf einem geringeren Niveau befindet als in den übrigen Plasmazonen. Im Übergangsbereich (Grenzbereich Zone I zu Zone II bzw. IV zu V) mit erhöhter Abscheiderate, Strukturfaktor und Wasserstoffgehalt ist relativ betrachtet mit der größten Defektdichte zu rechnen. Im Plasmabulk (Zone III) ist mit einer Defektdichte zu rechnen, die sich zwischen den vorher betrachteten Niveaus im Plasmarand- und Übergangsbereich befindet. Zu bestimmen, in welchem Maß sich die Defektdichte in den Bereichen I - V ändert, ist schwierig abzuschätzen. In [126] variiert die Defektdichte mit einer ca. dreiprozentigen Änderung der Wasserstoffkonzentration etwa um den Faktor drei. Roca et al. finden eine Änderung der Defektdichte um den Faktor fünf wenn sich die Wasserstoffkonzentration im Material von 10 % auf 17 % und der Mikrostrukturfaktor von 6 % auf 33 % erhöht [189]. Manfredotti et al. beobachtet bei einer Erhöhung des gebundenen SiH_2 Anteils (korreliert mit dem Strukturfaktor) von 2 % auf 10 % eine Steigerung der Defektdichte um den Faktor zehn [143]. Eine Verringerung der Leistung (und damit der Abscheiderate) von 30 W auf 1 W kann die Defektdichte um mehr als eine Größenordnung reduzieren [126]. Diese Angaben dienen zur Orientierung, um das Intervall abzuschätzen, innerhalb dessen sich die Defektdichte im Rahmen der Solarzellensimulation ändern kann.

Als nächstes wurden dynamisch abgeschiedene a-Si:H Solarzellen (v = 16,5 mm/min, eine Plasmadurchquerung, Dicke i-Schicht 330 nm) mit fünffach untergliederter Absorberschicht simuliert. Die p- bzw. n-Schichten der Solarzellen werden zur Vereinfachung mit homogenen Materialparametern angenommen. Die Defektdichte in den einzelnen intrinsischen Teilschichten wird in Anlehnung an die Literaturdaten entsprechend **Abbildung 7.7** variiert. In Stufe 0 (schwarze Linie in **Abbildung 7.7**) sind homogene Materialparameter in allen i-

7.2 Modellierung der dynamischen Abscheidung

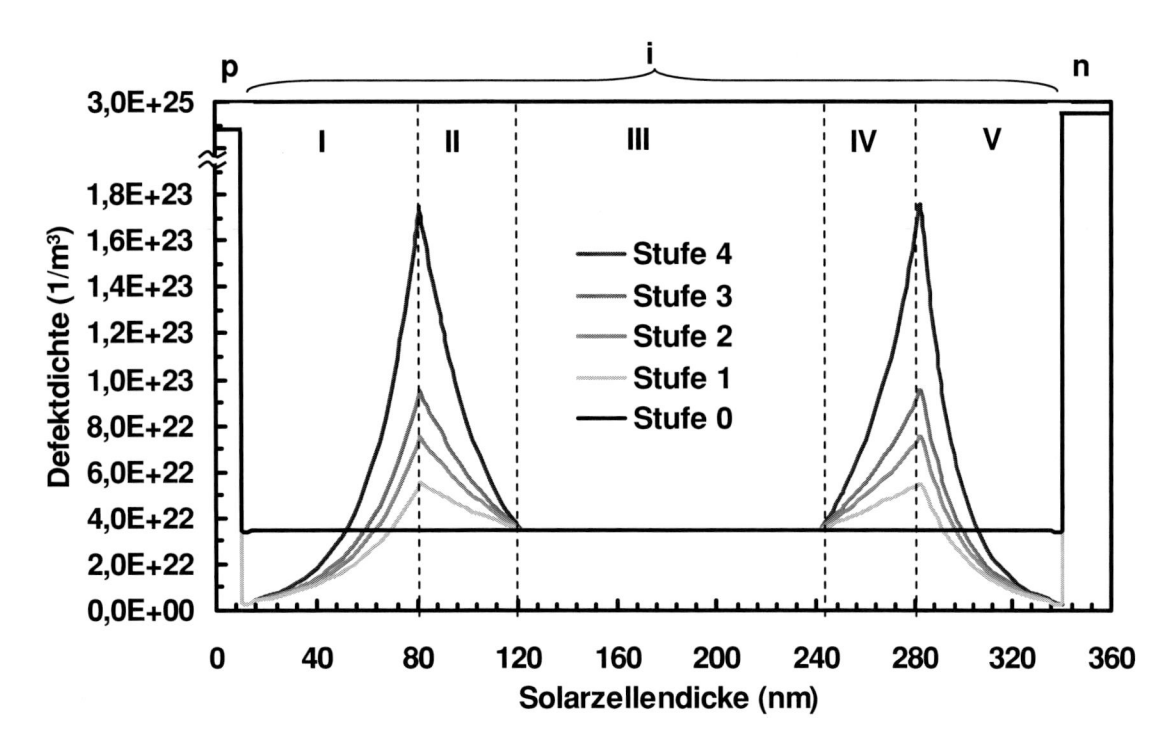

Abbildung 7.7: Defektdichtevariation in der Solarzellensimulation mit unterschiedlichen Teilschichteigenschaften in Teilschicht I - V. Stufe 0: statisch simulierte Solarzelle

Teilschichten angenommen (N_{db} = 3,50E+22 1/m³). Dies entspricht dem Fall einer statisch simulierten Solarzelle. Die Stufen 1 - 4 sind dynamisch simulierte Solarzellen mit unterschiedlichen Defektdichten in den Teilschichten. Für diese Solarzellen wurde jeweils von einer Plasmadurchquerung ausgegangen.

Die Defektdichte in den einzelnen Teilschichten in Stufe 1 - 4 wird mit einem graduellen Übergang versehen. So steigt die Defektdichte in Teilschicht I vom Ausgangsniveau (3,50E+21 1/m³) exponentiell bis zur Grenze zu Teilschicht II an (in Stufe 4 beispielsweise auf 1,75E+23 1/m³). In Teilschicht II nimmt die Defektdichte exponentiell bis zur Grenze zu Teilschicht III ab. In Teilschicht III ist die Defektdichte dann konstant (3,5E+22 1/m³), bevor sie in Teilschicht IV wieder exponentiell bis zur Grenze zu Teilschicht V ansteigt. In Teilschicht V sinkt die Defektdichte dann wieder exponentiell bis zum Ausgangsniveau (3,50E+21 1/m³ in den Stufen 1 - 4). Eine andere als die exponentielle Gradierung der Defektdichte war in ASA nicht möglich. Das niedrige Ausgangsniveau der Defektdichte in Teilschicht I bzw. V ist für kleinste Abscheideraten nachweisbar realistisch [126].

Des Weiteren wird auch die Variation der optischen Bandlücke in die Modellierung einbezogen. Aus den experimentellen Ergebnissen in **Abbildung 7.2** konnte gezeigt werden, dass die optische Bandlücke in den Bereichen maximaler Abscheiderate um ca. 0,02 eV

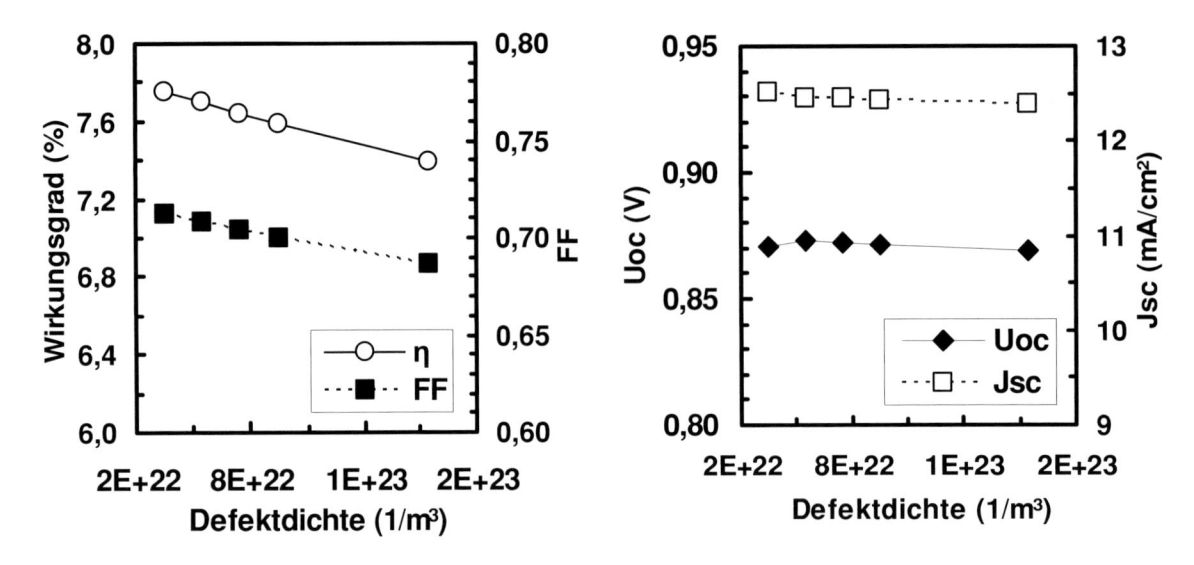

7. Untersuchung der Dynamik bei der Schichtabscheidung

Abbildung 7.8: Simulierte Solarzellenkenndaten einer statisch deponierten a-Si:H Solarzelle (äußerst linker Diagrammpunkt bei N_{db} = 3,5E+22 1/m³) und von dynamisch hergestellten Solarzellen mit unterschiedlicher Defektdichte (N_{db} = 5,5E+22 - 1,75E+23 1/m³) in den Grenzbereichen I / II und IV / V.

erhöht ist. In der Simulation wird die Bandlücke ebenfalls mit einem Gradienten in den Teilschichten versehen (Startwert Schicht I - 1,76 eV, Maximalwert an den Grenzen von Schicht I / II bzw. IV / V - 1,78 eV).

In **Abbildung 7.8** sind die Solarzellenkenndaten von simulierten a-Si:H Solarzellen als Funktion der Defektdichte an den Grenzbereichen I / II und IV / V abgebildet. Der äußerst linke Diagrammpunkt bei N_{db} = 3,5E+22 1/m³ entspricht der statisch simulierten Solarzelle. Für die dynamisch simulierten Solarzellen (N_{db} 5,5E+22 - 1,75E+23 1/m³) kann mit steigender Defektdichte eine Verschlechterung der Solarzellenkenndaten Füllfaktor und Wirkungsgrad beobachtet werden. Die Kurzschlussstromdichte und die Leerlaufspannung bleiben jedoch nahezu konstant. Bis zu einer Defektdichte von etwa 9,5E+22 1/m³ in den entsprechenden Grenzbereichen ist der Abfall der Solarzellenkenndaten in Übereinstimmung mit den experimentell beobachteten Daten. Erst bei größeren Defektdichten nimmt der Wirkungsgrad stärker ab, als nach den experimentellen Ergebnissen zu erwarten wäre.

Die unterschiedliche Bandlücke in den Grenzbereichen beeinflusst die Solarzellenkenndaten nur geringfügig. Die Leerlaufspannung ist mit erhöhter Bandlücke in den Teilschichten erwartungsgemäß leicht erhöht. Der Füllfaktor nimmt hingegen bei der unkontinuierlichen Bandlückenerhöhung in der i-Schicht der Solarzelle geringfügig ab. Dies kann auf die entstehenden Diskontinuitäten des Bandverlaufes zurückgeführt werden. Die Löcher und

7.2 Modellierung der dynamischen Abscheidung

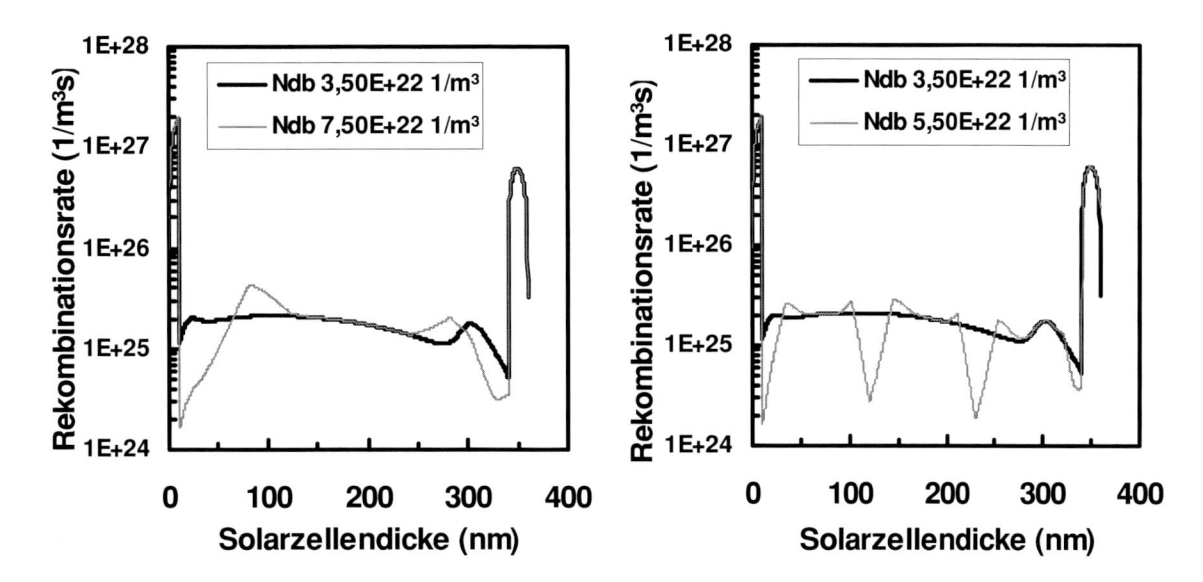

Abbildung 7.9: Links: Rekombinationsrate über der i-Schichtdicke einer quasi-statisch (N_{db} = 3,5E+22 1/m³) sowie dynamisch simulierten a-Si:H Solarzelle (N_{db} = 7,5E+22 1/m³) Rechts: Rekombinationsrate über der Solarzellendicke einer statisch (N_{db} = 3,5E+22 1/m³) sowie dynamisch (N_{db} = 5,5E+22 1/m³), mit drei Plasmadurchquerungen, simulierten a-Si:H Solarzelle.

Elektronen sehen dadurch kleine Energiebarrieren innerhalb der i-Schicht, die die Ladungsträgerseparation behindern können. In **Abbildung 7.8** sind sowohl die Defektdichte- als auch die Bandlückenunterschiede in der i-Schicht gleichzeitig berücksichtigt.

In **Abbildung 7.9** - links ist der Verlauf der Rekombinationsrate einer statisch (N_{db} = 3,5E+22 1/m³) und dynamisch (N_{db} = 7,5E+22 1/m³) simulierten a-Si:H Solarzelle über der Bauteildicke dargestellt. Anhand dieser Darstellung lassen sich sehr gut die Teilschichten unterschiedlicher Defektdichte im Dynamikmodell der Solarzellenabscheidung nachvollziehen. Die Defektdichte beeinflusst wesentlich die Rekombinationsrate (vgl. Gleichung 7.8). In Teilschicht I mit geringer Defektdichte ist die Rekombinationsrate der dynamischen Solarzelle (graue Linie in **Abbildung 7.9** - links) geringer als bei der statisch simulierten Solarzelle. Im Übergangsbereich von Schicht I zu Schicht II mit erhöhter Defektdichte ist auch die Rekombinationsrate größer als im statischen Fall. In der simulierten Absorberschicht III ist die Rekombinationsrate für die statische und dynamische Solarzelle gleich, da auch die Defektdichten übereinstimmen. Somit ergibt sich über der i-Schichtdicke ein inhomogenes Rekombinationsprofil.

Der Abfall des Füllfaktors mit steigender Defektdichte in den Grenzbereichen I / II bzw. IV / V in **Abbildung 7.8** - links wird folgendermaßen erklärt. In Solarzellen, die durch die p-Schicht

7. Untersuchung der Dynamik bei der Schichtabscheidung

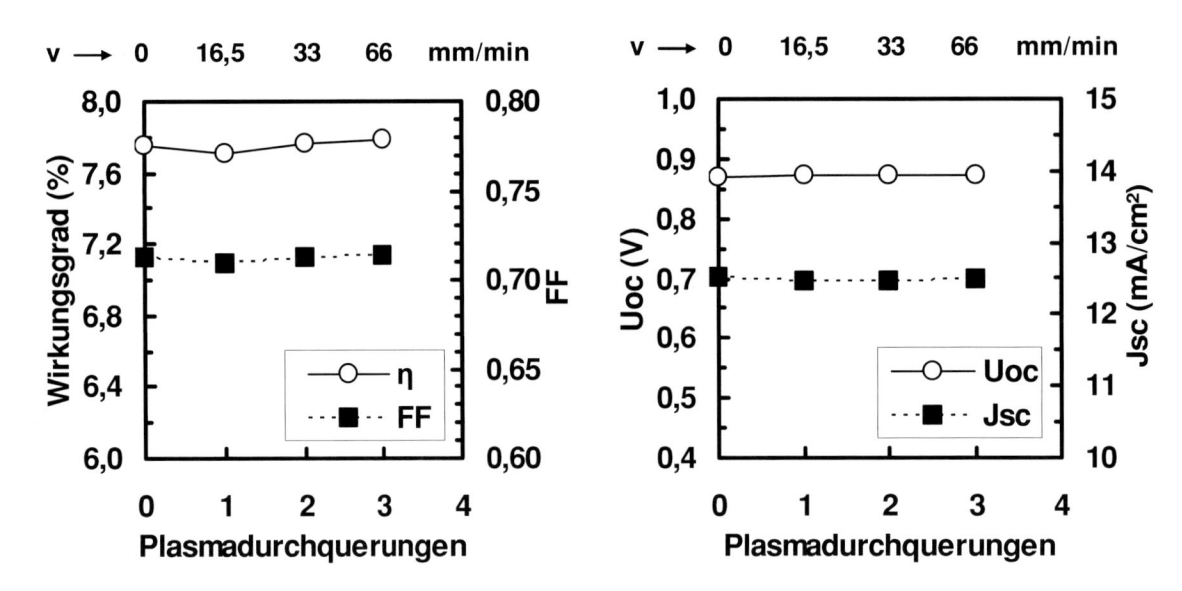

Abbildung 7.10: Solarzellenkenndaten von dynamisch simulierten a-Si:H Solarzellen in Abhängigkeit der Anzahl an Plasmadurchquerungen.

beleuchtet werden, ist der Elektronentransport der limitierende Faktor der Solarzellenperformance [36]. Die meisten Ladungsträger werden auf der lichtzugewandten Seite am p/i-Übergang generiert. Die Überschusselektronen vom p/i-Übergang müssen dann den langen Weg durch die i-Schicht bis zur n-Schicht zurücklegen, ohne zu rekombinieren. Auf dem Weg zur n-Schicht sind jetzt jedoch zwei lokale Gebiete mit erhöhter Defektdichte bzw. Rekombinationsrate vorhanden (vgl. **Abbildung 7.9** - links), die den Ladungstransport der Elektronen behindern. In der Folge sinkt der Füllfaktor durch die verschlechterte Ladungsträgersammlung.

Ein positiver Effekt der im Randbereich angenommenen niedrigeren Defektdichte ergibt sich am p/i-Übergang. Defekte in der i-Schicht am p/i-Übergang laden sich aufgrund der Lage des Ferminiveaus unterhalb der Bandmitte positiv auf. Sie fungieren damit als Ladungskompensatoren für die negativ geladenen Akzeptoren der p-Schicht. Das elektrische Feld ist dadurch am p/i-Übergang der Solarzelle erhöht. Im Volumen der i-Schicht ist das Feld jedoch konsequenterweise geringer, was die Ladungsträgerseparation verschlechtert. Durch die geringere Defektdichte am p/i-Übergang wird das elektrische Feld in diesem Bereich geringer. Im Volumen der i-Schicht wird das Feld jedoch größer. In Summe ist also das elektrische Feld homogener über der gesamten i-Schichtdicke verteilt.

Die Leerlaufspannung profitiert ebenfalls von der geringeren Defektdichte am p/i-Übergang. Die Leerlaufspannung wird größtenteils durch Rekombinationsprozesse am lichtzugewandten p/i-Übergang bestimmt. Sinkt die Defektdichte (Rekombinationsrate) in diesem

7.2 Modellierung der dynamischen Abscheidung

Bereich, so wird der Photostrom erst bei größeren Vorwärtsspannungen vom Rekombinationsstrom kompensiert. Die Leerlaufspannung steigt also. Ein Anstieg der Leerlaufspannung ist in der Tat für geringe Defektdichteüberhöhungen in **Abbildung 7.8** - rechts zu beobachten. Dieser Leerlaufspannungszugewinn ist kumulativ zur Leerlaufspannungserhöhung durch die lokal erhöhten Bandlücken in der i-Schicht.

Bisher wurden die dynamisch simulierten Solarzellen nur für eine Plasmadurchquerung betrachtet. Dass die oben gewonnenen Erkenntnisse auch bei mehr als einer Plasmadurchquerung zutreffen, zeigt **Abbildung 7.10**. In dieser Darstellung wurden a-Si:H Solarzellen dynamisch, mit gradierten Defektdichten bis 5,5E+22 $1/m^3$ simuliert. Die Anzahl an Plasmadurchquerungen wurde bis auf drei erhöht. Unter Annahme des selben Abscheideratenprofils wie bisher muss dann die Geschwindigkeit bei der dynamischen Abscheidung von 16,5 mm/min (eine Plasmadurchquerung) auf 66 mm/min (drei Plasmadurchquerungen) erhöht werden, um eine konstante Gesamtschichtdicke von 330 nm zu erzielen. **Abbildung 7.10** zeigt, dass die Solarzellenkenndaten bei mehreren Plasmadurchquerungen und erhöhter Substratgeschwindigkeit in diesem Modell in etwa konstant bleiben. Dieses Ergebnis ist in guter Übereinstimmung mit den experimentellen Befunden aus Abschnitt 7.1.2. Für drei Plasmadurchquerungen besteht die i-Schichtstruktur im Modell bereits aus 15 Teilschichten mit unterschiedlichen Eigenschaften. In **Abbildung 7.9** - rechts ist das Rekombinationsratenprofil einer dynamisch simulierten Solarzelle mit drei Plasmadurchquerungen (15 Teilschichten) dargestellt. Eine starke Oszillation der Rekombinationsrate über die Solarzellendicke kann dabei beobachtet werden. Die schwankende Rekombinationsrate entspricht wiederum dem Durchfahren von mehreren Plasmazonen, in denen Schichten unterschiedlicher Qualität (Defektdichte) aufwachsen.

7.2.4. Einordnung des Modells der dynamischen Solarzellenabscheidung

Das vorgestellte Modell bildet sehr gut die experimentell beobachteten Zusammenhänge bei der dynamischen a-Si:H Solarzellenabscheidung ab. Ein experimentell bestätigter, geringfügiger Abfall der a-Si:H Solarzellenkenndaten bei der dynamischen Abscheidung im Vergleich zur statischen Abscheidung wird vom Modell vorausgesagt. Mehrfachdurchquerungen des Plasmas wirken sich im Modell und Experiment nicht negativ auf die Solarzellenkenndaten aus.

Der geringfügige Abfall des Füllfaktors bei der dynamischen Abscheidung wird durch den Einfluss der lokalen Gebiete erhöhter Defektdichte (Rekombinationsrate) in der i-Schicht erklärt, die den Elektronentransport behindern. Zusätzlich kommen Banddiskontinuitäten in der i-Schicht hinzu, die die Ladungsträgerseparation erschweren und den Füllfaktor senken.

7. Untersuchung der Dynamik bei der Schichtabscheidung

Positive Effekte, wie z.B. ein homogenerer Feldverlauf über die i-Schichtdicke, können den Abfall des Füllfaktors teilweise kompensieren. Dadurch ist der Abfall der Solarzellenkenndaten nur gering, obwohl bei der dynamischen Abscheidung Plasmagebiete durchfahren werden, in denen sehr inhomogenes Material aufwächst.

Das vorgestellte Modell hängt sehr stark von seinen Annahmen ab. Im betrachteten Mehrschichtmodell wurde z.B. davon ausgegangen, dass sich nur die beiden Parameter Defektdichte und Bandlücke der a-Si:H Schichten in den einzelnen Teilschichten ändern. Nicht auszuschließen ist jedoch, dass sich auch andere Eigenschaften, wie z.B. die der Bandausläuferzustände, ändern. Die Korrelation der Urbachenergie des Valenzbandausläufers mit dem Wasserstoffgehalt von a-Si:H Schichten ist beispielsweise bekannt [192, 193]. Dennoch wurde hier zur Reduzierung der Komplexität auf Einbeziehung weiterer Größen verzichtet. Das Modell hängt des Weiteren stark von der Ausprägung der Defektdichteschwankungen ab. Weiter oben wurde bereits anhand der Literatur diskutiert, in welchem Bereich sich die Defektdichte in den einzelnen Teilschichten ändern kann. Die genauen Defektdichteunterschiede in den Teilschichten sind experimentell nur schwer zugänglich. Anhand der Simulationsergebnisse kann abgeschätzt werden, dass die Defektdichte der Hochrateschichten aus dem Plasmarandbereich maximal etwa doppelt so groß wie die der Plasmabulkschichten sein können. Andernfalls weichen die Simulationsergebnisse von den experimentell beobachteten Ergebnissen ab.

Der vom Modell vorhergesagte und experimentell beobachtete geringfügige Abfall der a-Si:H Solarzellenkenndaten bei dynamischer Deposition kann durch Verringerung der VHF-Leistung bei der Absorberabscheidung reduziert werden. In diesem Fall verringert sich die Abscheideratenüberhöhung im Bereich der Elektrodengrenzen [176] und damit die Defektdichte in den resultierenden Teilschichten. Eine verringerte VHF-Leistung ist für a-Si:H Solarzellen generell vorteilhaft, da sich dadurch die lichtinduzierte Alterung reduziert. Aufgrund der vergleichsweise geringen a-Si:H Absorberschichtdicke (300 nm) könnte auch aus Produktivitätsgründen gegebenenfalls auf eine hohe VHF-Leistung (hohe Abscheiderate) verzichtet werden.

8. Kapazität und Kosten der dynamischen VHF-PECVD

In diesem Kapitel werden die Produktionskapazität und Kosten einer dynamischen Massenproduktion von siliziumbasierten Dünnschichtsolarzellen betrachtet. Die dynamische Fertigung von Silizium-Dünnschichtsolarzellen muss sich im Wettbewerb unter anderem zu Dünnschichttechnologien wie z.B. CdTe, CIGS oder der siliziumbasierten Batch-Fertigung behaupten. Der CdTe-Prozess von First Solar hat im Vergleich zur Siliziumtechnologie den Vorteil von extrem hohen Abscheideraten (6 µm/min - Absorberdicke 4 µm) beim CdTe-Sublimationsprozess [194]. Niedrige Modulproduktionskosten von 0,75 $/Wp sind für diese Technologie inzwischen erreicht [4]. GIGS als die Dünnschichttechnologie mit den größten Wirkungsgraden im Labormaßstab (>20% [3]) wird dagegen derzeit noch mit höheren Fertigungskosten von durchschnittlich ca. 1,20 €/Wp (ca. 1,64 $/Wp) produziert [195]. Dies liegt speziell am anspruchsvollen Herstellungsverfahren der Vierfachverbindungen. Im Vergleich dazu verkündet Oerlikon-Solar als Vertreter der siliziumbasierten Batch-Fertigung ähnlich niedrige Modulproduktionskosten wie First Solar (0,5 €/Wp bzw. ca. 0,68 $/Wp) [5]. Soll die dynamische Fertigung von Silizium-Dünnschichtsolarzellen mit den in dieser Arbeit verwendeten VHF-Linienquellen konkurrenzfähig sein, muss mindestens dieser Standard erreicht werden.

8.1. Produktionskapazität einer imaginären dynamischen Fertigungslinie

Ein Vergleich zwischen Batch- und dynamischer Fertigung von Silizium-Dünnschichtsolarzellen auf Kostenbasis ist schwierig. Besser eignet sich dazu die Produktionskapazität, die für die Batch-Fertigung bekannt ist (20 MWp - ein KAI MT Modul [5]). Anschließend kann man aus dem materiellen Aufwand (z.B. Größe der Beschichtungszone, Kammervolumen, Vakuumsystem) zur Erreichung der Jahreskapazität Rückschlüsse auf die Wirtschaftlichkeit des jeweiligen Verfahrens ziehen. Für den Vergleich der beiden Verfahrensvarianten wird in diesem Kapitel die Produktionskapazität einer imaginären dynamischen Fertigungslinie mit VHF-Linienquellen berechnet. Die technologischen Randbedingungen der Fertigung orientieren sich an den Ergebnissen und Erkenntnissen, die in dieser Arbeit gewonnen worden. In die Betrachtung fließt dabei nur der PECVD-Prozess ein, da alle anderen vor- und nachgelagerten Prozessschritte prinzipiell für beide Fertigungskonzepte identisch sind. **Abbildung 8.1** zeigt die Prinzipskizze der imaginären Fertigungslinie mit dynamischer Beschichtung und VHF-Linienquellen. Das TCO-beschichtete Glassubstrat (graue Balken) durchfährt nacheinander die Beschichtungsstationen zur Deposition einer a-Si:H/µc-Si:H Tandemsolarzelle. Zwischen allen Teilschichtprozessen wird jeweils eine Schleuse implementiert, um Gasverschleppungen zwischen den einzelnen Beschichtungsstationen zu vermeiden. Zur Separation der Glasscheiben in die Schleuse wird lokal bei der Ein- und

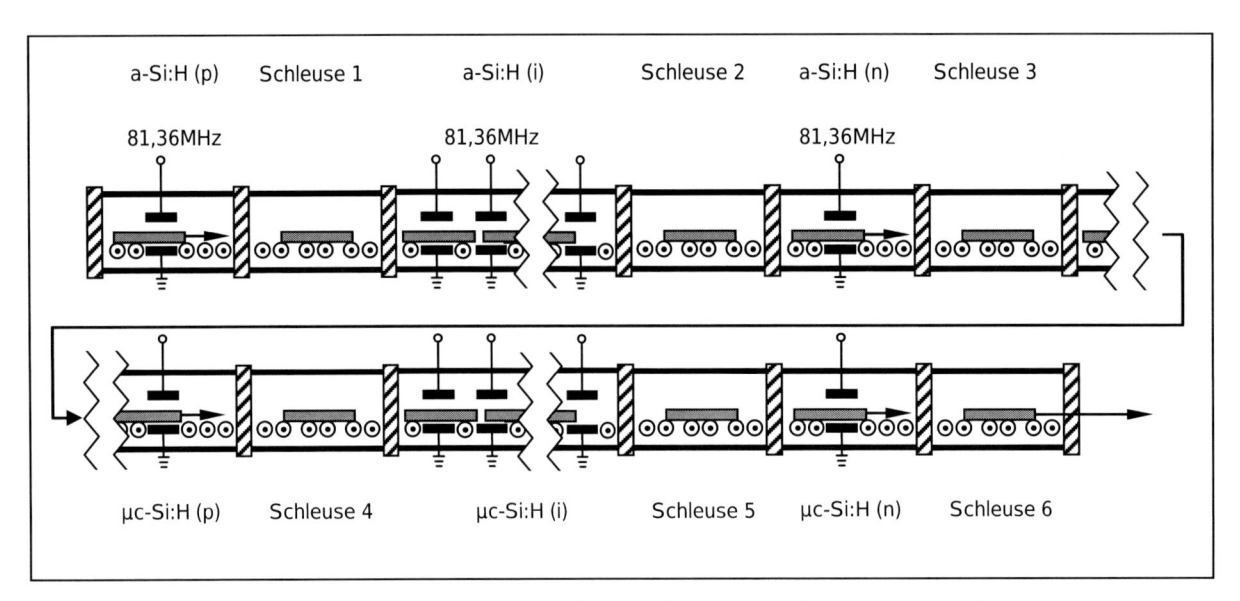

8. Kapazität und Kosten der dynamischen VHF-PECVD

Abbildung 8.1: Prinzipskizze einer Fertigungslinie mit dynamischer Beschichtung von Glassubstraten (graue Balken) und VHF-Linienquellen zur Produktion von a-Si:H/µc-Si:H Tandemsolarzellen.

Ausfahrt aus der Schleuse die Geschwindigkeit des Substrates auf 5 m/min erhöht. Vor- und nach jeder Schleuse ist zur Separation der Substrate mit den hier getroffenen Annahmen ein zusätzlicher Platzbedarf von 1,4 m notwendig. Die Pumpzeit in den Schleusen richtet sich nach der Geschwindigkeit der Substrate in den Prozesskammern. Bei 0,5 m/min Substratgeschwindigkeit in den Prozesskammern sind z.B. in Summe ca. 2 min Pumpzeit in den Schleusen erlaubt.

Die Produktion von siliziumbasierten Dünnschichtsolarzellen erfolgt in Produktionszyklen, die sich vielfach pro Jahr wiederholen. Ein Produktionszyklus besteht aus der Zeit zur Abscheidung der Siliziumschichten mittels VHF-PECVD und der Zeit zur anschließenden Kammerreinigung durch Plasmaätzen. Um die jährliche Produktionskapazität einer dynamischen Fertigungslinie zu berechnen, müssen im Wesentlichen drei Fragen beantwortet werden:

1. Wie viele Produktionszyklen (n_p) gibt es pro Jahr?
2. Wie viele Solarmodule (n_{SM}) können pro Produktionszyklus hergestellt werden?
3. Welche Leistung hat ein Solarmodul (P_{SM})?

Die jährliche Produktionskapazität (P) berechnet sich dann als das Produkt der drei gesuchten Größen zu:

8.1 Produktionskapazität einer imaginären dynamischen Fertigungslinie

Variable	Erklärung	Wert
t_{Ges}	jährlich verfügbare Gesamtzeit (365 Tage)	8760 h
t_n	jährlich verfügbare Nettoproduktionszeit	7928 h
t_p	Produktionszyklusdauer	18,6 h
t_A	Abscheidungszeit	14,9 h
t_R	Zeit für Kammereinigung	3,7 h
d_{max}	Maximalschichtdicke auf der Elektrode	100 µm
R_{st}	statische Peakabscheiderate an der VHF-Elektrode	6,72 µm/h

Tabelle 8.1: Angenommene (d_{max}, R_{st}, t_{Ges}) und berechnete (t_n, t_p, t_A, t_R) Inputgrößen zur Berechnung der Produktionszyklenanzahl n_p

Gleichung 8.1: $\quad P = n_p \cdot n_{SM} \cdot P_{SM}$

Die Anzahl der jährlichen Produktionszyklen n_p ergibt sich aus dem Quotienten der jährlichen, netto verfügbaren Produktionszeit t_n und der Produktionszyklusdauer t_p. Die Produktionszyklusdauer t_p wird dabei aus der Summe von Abscheidungszeit t_A und der zur Kammerreinigung notwendigen Zeit t_R berechnet. Die Abscheidungszeit t_A ergibt sich ferner aus dem Quotienten der Maximalschichtdicke auf der Elektrode (d_{max}) und der statischen Abscheiderate R_{st}. Die Bedeutung und Werte der einzelnen Größen sind in **Tabelle 8.1** gegeben. Die jährliche Nettoproduktionszeit t_n wird hier in Anlehnung an die "Uptime" von Plasmaätzanlagen aus der Halbleiterindustrie [196] auf 90,5 % der gesamten jährlich verfügbaren Zeit t_{Ges} angesetzt. Die maximale Schichtdicke auf der Elektrode d_{max} ist der Grenzwert, ab dessen Überschreitung die Schichten auf der Elektrode nicht mehr haften und die Ausbeute bei der Solarzellenherstellung sinkt. Ein typischer Wert für d_{max} bei Vertikalanlagen zur Abscheidung von siliziumbasierten Dünnschichtsolarzellen ist 100 µm. Die statische Abscheiderate R_{st} entspricht hier der maximalen Rate zur Abscheidung der mikrokristallinen i-Schicht (6,72 µm/h). Diese hohe Abscheiderate für qualitativ hochwertiges mikrokristallines Silizium ist anspruchsvoll und wurde in der vorliegenden Arbeit noch nicht erreicht. Dennoch wurde mehrfach gezeigt, dass prinzipiell solch hohe Raten für qualitativ hochwertige µc-Si:H Schichten mit einfachen Parallelplattenanordnungen möglich sind [170, 172, 16]. Da die VHF-Linienquelle ebenfalls eine Parallelplattenanordnung darstellt, wird die obige Abscheiderate als gegeben angenommen. Die Zeit für die Kammerreinigung t_R ergibt sich des Weiteren aus der maximalen Schichtdicke auf der Elektrode (d_{max}) und der Ätzrate. Die nicht optimierte Ätzrate an der Linienquelle beträgt 140 nm/min. In der Literatur sind deutlich größere Ätzraten für Silizium von 180 -1000 nm/min mit unterschiedlichen, auf Fluor basierenden Ätzchemikalien (NF_3, CF_4, SF_6) erreicht worden [197 - 199]. In der hier

8. Kapazität und Kosten der dynamischen VHF-PECVD

Variable	Erklärung	Wert
t_M	Taktzeit (z.B. alle 2,8 min verlässt ein Modul die Fertigung)	2,8 min
t_2	reine Produktionszeit, in der alle 2,8 min ein Modul fertiggestellt wird	14,1 h
t_1	Totzeit für Durchlauf des ersten Moduls im neuen Produktionszyklus	0,82 h
x_M	Länge eines Solarmoduls	1,3 m
x_G	Abstand zwischen zwei Solarmodulen	0,1 m
v	Substratgeschwindigkeit	0,5 m/min
γ	Produktionsausbeute	0,95

Tabelle 8.2: Angenommene (x_M, x_G, v, γ) und berechnete (t_M, t_2, t_1) Inputgrößen zur Berechnung der Anzahl an Solarmodulen n_{SM}, die pro Produktionszyklus hergestellt werden können.

durchgeführten Berechnung wurde eine in Bezug auf die Literatur mittlere Ätzrate von 450 nm/min angesetzt. Die Zeit zur Kammereinigung berechnet sich damit zu 3,7 h. Die Anzahl der Produktionszyklen pro Jahr (n_p) ergibt sich schließlich aus den angegebenen Größen zu 426.

Als nächstes kann die Anzahl der Solarmodule (n_{SM}), die pro Produktionszyklus gefertigt werden können, nach Gleichung 8.2 berechnet werden.

Gleichung 8.2: $$n_{SM} = \frac{t_2}{t_M} \cdot \gamma$$

mit: $t_M = \frac{x_M + x_G}{v}$ und: $t_2 = t_A - t_1$

In **Tabelle 8.2** sind wiederum die Werte und Bedeutung der einzelnen Größen aus den obigen Gleichungen gegeben. Die Totzeit t_1 bis zur Fertigstellung des ersten Solarmoduls im Produktionszyklus berechnet sich aus den Durchlaufzeiten in den Prozesskammern und den Schleusenzeiten. Die Länge eines Solarmoduls x_M orientiert sich an den Standard-glasformaten, die auch in der Batch-Fertigung bei Oerlikon-Solar verwendet werden (1,3x1,1 m²) [5]. Als Produktionsausbeute (γ) wird für das KAI-System von Oerlikon-Solar 95 % garantiert [5, 65]. Diese Ausbeute wird auch hier für die dynamische Fertigung angenommen. Die Substratgeschwindigkeit von 0,5 m/min entspricht der in dieser Arbeit untersuchten maximalen Geschwindigkeit bis zu der die a-Si:H Solarzellenperformance konstant ist (vgl. Abschnitt 7.1.2). Die Anzahl der Solarmodule pro Produktionszyklus

8.1 Produktionskapazität einer imaginären dynamischen Fertigungslinie

berechnet sich damit zu 286.

Zuletzt wird die Leistung pro Solarmodul (P_{SM}) nach Gleichung 8.3 berechnet:

Gleichung 8.3: $\qquad P_{SM} = E \cdot A_M \cdot \eta_{SM}$

Dabei ist E die standardisierte Bestrahlungsstärke (1000 W/m²), A_M die Fläche der Solarmodule (hier: 1,3x1,1 m²) und η_{SM} der Wirkungsgrad der Solarmodule. Dieser wird in Anlehnung an bisher erreichte Wirkungsgrade in der Massenfertigung mit 10 % angenommen [6, 7].

Für die insgesamt mit der Fertigungslinie produzierbare Jahresleistung erhält man zusammengefasst folgenden Ausdruck:

Gleichung 8.4: $\qquad P = \left(\dfrac{t_n}{\dfrac{d_{max}}{R_{st}} + t_R} \right) \cdot \left(\dfrac{\dfrac{d_{max}}{R_{st}} - t_1}{\dfrac{x_M + x_G}{v}} \right) \cdot \gamma \cdot P_{AM1.5} \cdot A_M \cdot \eta_{SM}$

Die Jahreskapazität der dynamischen Fertigungslinie ergibt sich nach Gleichung 8.4 zu 17,4 MWp. Die Länge dieser Fertigungslinie beträgt ca. 32 m. In dieser imaginären Fertigungslinie sind dabei 71 lineare Plasmaquellen zur Siliziumschichtabscheidung verbaut. Zur Berechnung der Quellenanzahl sind vor allem die dynamischen Abscheideraten und Schichtdicken der Solarzellenabsorberschichten zu berücksichtigen. Für amorphes Silizium wurde eine dynamische Rate für die i-Schicht von 6 nm·m/min angenommen. Diese Rate ist ca. 50 % größer als die in dieser Arbeit verwendete Abscheiderate für Hocheffizienzzellen (vgl. Kapitel 5.1.6). Durch die Erhöhung der Plasmaanregungsfrequenz ist die größere Abscheiderate aber ohne Verschlechterung der Solarzelleneigenschaften erreichbar [200]. Für mikrokristallines Silizium wurde eine dynamische Abscheiderate von 12 nm·m/min angenommen. Dies entspricht einer statischen Rate von 6,72 µm/h. Weiter oben wurde bereits diskutiert, dass diese Rate realisierbar sein sollte. Die i-Schichtdicke der amorphen Teilzelle wurde mit 300 nm und die der mikrokristallinen Teilzelle mit 1000 nm angenommen. Mittlerweile geht der Trend zu immer dünneren Tandemsolarzellen [201], wodurch sich vor allem die Plasmaquellenanzahl und damit die Investitionskosten weiter reduzieren ließen. Die i-Schichtabscheidung der Solarzellen erfolgt mit mehreren linearen Plasmaquellen in Reihe. Es wurde angenommen, dass pro Meter Anlagenlänge acht Linienquellen mit jeweils

0,1 m Breite untergebracht werden können. Die Länge der Linienquellen wurde mit 1,2 m angenommen, was ungefähr der doppelten Länge der in dieser Arbeit verwendeten Plasmaquellen entspricht. Diese vergrößerte Elektrodenlänge ist ohne Homogenitätseinbußen durch Erhöhung der Anzahl an Einkopplungspunkten für die VHF-Leistung möglich.

8.2. Einordnung und Perspektiven der dynamischen Fertigung

Die berechnete Jahreskapazität der imaginären dynamischen Fertigungslinie (17,4 MWp) wird jetzt in Relation zur Batch-Fertigung von Silizium-Dünnschichtsolarzellen gesetzt. Mittels der kostengünstigen Batch-Fertigung können mit einem "KAI MT" Modul 20 MWp pro Jahr produziert werden [5]. Dabei werden jeweils 10 Glasscheiben a 1,4 m² gleichzeitig in einer PECVD-Kammer prozessiert. Vergleicht man die reine Fertigungskapazität der Batch- und dynamischen Fertigung kommt man auf sehr ähnliche Werte (20 MWp vs. 17,4 MWp). Unterschiede ergeben sich aus dem materiellen Aufwand der zur Jahreskapazität erforderlich ist. Bei der Batch-Fertigung beträgt z.B. die gesamte Beschichtungszone 14 m². Für die dynamische Fertigung mit 71 linearen Plasmaquellen (1,2x0,1 m²) ist die aktive Beschichtungszone kleiner (ca. 8,5 m²). D.h. es wird weniger Leistung zur Erzielung der Jahreskapazität benötigt. Andererseits führt die immens größere Plasmaquellenanzahl bei der dynamischen Fertigung (71 vs. 10) zu einem deutlichen Mehraufwand (Anpassnetzwerke, Anzahl VHF-Verstärker, Kabel etc.). Des Weiteren ist die Kammeroberfläche für die imaginäre dynamische Fertigungslinie erheblich größer als für das Batch-System mit einer Prozess-, Transfer- und Schleusenkammer [65]. Damit ergibt sich ein weiterer Kostenvorteil für die Batch-Fertigung. Ähnlich sieht es beim Vakuumsystem für beide Fertigungsvarianten aus. Das Kammervolumen der dynamischen Fertigungslinie ist deutlich größer als bei der Batch-Fertigung. Dadurch ergibt sich bei der dynamischen Fertigung ein Mehraufwand für Pumpen, Ventile, Schleusen etc.

Die Aufskalierung der Fertigungskapazität erfolgt beim KAI-Anlagenkonzept durch modulares Zuschalten von zwei weiteren Prozesskammern. Damit können schließlich 30 Glassubstrate gleichzeitig prozessiert werden, wobei die zentrale Transferkammer sowie die Ein- und Ausschleusekammer mitgenutzt werden können. Eine hohe Produktionskapazität von 60 MWp kann dadurch erreicht werden. Für die dynamische Fertigung ergeben sich zwei wesentliche Parameter zur Kapazitätserweiterung. Zum einen kann die Elektrodenlänge auch bei hohen Frequenzen ohne Homogenitätsverluste erweitert werden. Eine Verdopplung der Elektrodenlänge führt unmittelbar auch zur Verdopplung der Produktionskapazität. Der technische Mehraufwand hält sich dabei in Grenzen. In dieser Hinsicht sind der großflächigen Batch-Fertigung im VHF-Bereich aufgrund von

8.2 Einordnung und Perspektiven der dynamischen Fertigung

Homogenitätsproblemen Grenzen gesetzt. Die zweite Möglichkeit zur Kapazitätserweiterung bei der dynamischen Fertigung besteht in der Erhöhung der Substratgeschwindigkeit. Eine Verdopplung der Geschwindigkeit hat auch hier eine Verdopplung der Fertigungskapazität zur Folge. Allerdings steigt für diesen Fall auch die Anzahl der erforderlichen Plasmaquellen. Insgesamt könnten mit doppelter Elektrodenbreite und Substratgeschwindigkeit ca. 70 MWp pro Jahr mit der imaginären dynamischen Fertigungslinie produziert werden. Das zeigt, dass die dynamische Fertigung konkurrenzfähig zur statischen Batch-Fertigung ist.

Die vorgestellte Berechnung der Kapazität der imaginären dynamischen Fertigung ist eine erste Annäherung an die realen Verhältnisse einer Massenfertigung von siliziumbasierten Dünnschichtsolarzellen. Die wichtigsten Parameter zur Kapazitätssteigerung konnten identifiziert werden (Elektrodenlänge, Substratgeschwindigkeit, Wirkungsgrad der Solarmodule). Ein großes Potential für weitere Produktivitätssteigerungen ist somit gegeben. Alternativ zur Beschichtung von Glassubstraten eignet sich die dynamische Fertigung auch hervorragend zur Beschichtung flexibler Substrate im Rolle-zu-Rolle-Verfahren. Einerseits können damit im Vergleich zu Glas deutlich kostengünstigere Plastiksubstrate beschichtet werden. Des Weiteren entfallen bei flexiblen Solarmodulen nachgelagerte Kosten z.B. für die Aufständerung der schweren Glasmodule. Insbesondere für Aufdachanlagen sind leichte, flexible Solarmodule im Vergleich zur Glaskonkurrenz im Vorteil. Erste, unoptimiert und dynamisch an der VHF-Durchlaufanlage hergestellte a-Si:H Dünnschichtsolarzellen auf PET zeigten vielversprechende Wirkungsgrade von ca. 5,9 % [202].

8. Kapazität und Kosten der dynamischen VHF-PECVD

9. Zusammenfassung und Ausblick

Diese Arbeit behandelt die dynamische Abscheidung von amorphen und mikrokristallinen Siliziumschichten und Solarzellen mit einem neuartigen PECVD-Herstellungsverfahren. Dieses Verfahren beinhaltet die Verwendung von linearen VHF-Plasmaquellen in Kombination mit einer Relativbewegung des Substrates gegen die Elektrode. Das Problem der inhomogenen Abscheidung von Siliziumdünnschichten auf großer Fläche bei hohen Anregungsfrequenzen kann durch diese Methode gelöst werden. Die homogene Abscheidung ist bei linearen Plasmaquellen nur in einer Dimension zu gewährleisten. Dies wird durch entsprechende HF-technische Maßnahmen (z.B. Mehrfacheinspeisung der HF-Leistung [20]) außerhalb des Vakuums sichergestellt. Durch die Verwendung hoher Anregungsfrequenzen können mit dem Verfahren größere Abscheideraten als mit Standard PECVD-Verfahren erzielt werden. Zur Simulation der dynamischen Abscheidung wurde eine Versuchsanlage mit drei Linienquellen verwendet. Das Fertigungskonzept mit linearen Plasmaquellen ist prinzipiell auch sehr gut zur Beschichtung flexibler Substrate im Rolle-zu-Rolle-Verfahren geeignet.

Zur Demonstration der Leistungsfähigkeit des Systems Linienquelle wurde eine Technologie zur dynamischen Abscheidung von amorphen und mikrokristallinen Silizium-Dünnschichtsolarzellen entwickelt. Ausgehend von einer Starttechnologie mit geringen Anfangswirkungsgraden konnte durch zahlreiche Optimierungsschritte eine a-Si:H p-i-n Solarzelle mit hoher Effizienz realisiert werden. Der Schwerpunkt der Optimierung für a-Si:H Solarzellen lag bei der p-dotierten Fensterschicht. Durch Verwendung dünnerer p-Schichten bei optimaler Dotierstoffkonzentration konnte ein großer Effizienzgewinn erzielt werden. Nahezu alle optischen und elektrischen Kontaktschichten der Solarzellen wurden verbessert. Eine neue Substratvorbehandlung wurde eingeführt, wodurch sich die Prozessstabilität deutlich erhöhte. Der initiale Wirkungsgrad der so optimierten a-Si:H Solarzellen beträgt 10,27 %. Nach der für a-Si:H typischen lichtinduzierten Alterung ergibt sich ein stabilisierter Wirkungsgrad von 7,5 %. Der Zusammenhang zwischen Abscheiderate und Solarzelleneffizienz wurde untersucht. Die besten stabilisierten Wirkungsgrade ergaben sich erwartungsgemäß bei niedriger Abscheiderate. Zusammen mit der Verwendung dünnerer i-Schichten in der a-Si:H p-i-n Solarzellenstruktur können die negativen Auswirkungen der lichtinduzierten Degradation verringert werden. Die sehr gute Eignung des Systems Linienquelle zur Herstellung von a-Si:H Hocheffizienzsolarzellen konnte durch die vielversprechenden Wirkungsgrade nachgewiesen werden. Die stufenweise Darlegung der a-Si:H Solarzellenoptimierung hin zu einer Technologie mit hohen Wirkungsgraden demonstriert ein neuartiges Verfahren zur Herstellung von Dünnschichtsolarzellen.

9. Zusammenfassung und Ausblick

Eine ähnliche Optimierung wie für a-Si:H Solarzellen wurde auch für dynamisch hergestellte mikrokristalline Silizium-Dünnschichtsolarzellen durchgeführt. Auch hier lag der Schwerpunkt der Optimierung bei der p-dotierten Fensterschicht der Solarzelle. Erst die Realisierung dünner, hochleitfähiger µc-Si:H p-Schichten mit ausreichender Kristallisation in der initialen Wachstumsphase brachte einen deutlichen Effizienzzugewinn. Die Leitfähigkeit von 15-20 nm dünnen µc-Si:H p-Schichten erreichte sehr gute Werte von größer als 1E-02 S/cm. Weitere Verbesserungen der Solarzelleneffizienz wurden durch Anpassung der intrinsischen Schicht (Druck, Leistung, Silankonzentration) und durch Veränderung des Zellaufbaus (Front- und Rückkontakt) erzielt. In Summe konnten somit initiale Wirkungsgrade von ca. 6,5 % für µc-Si:H p-i-n Solarzellen (einfacher Ag-Rückkontakt) erreicht werden.

Die Homogenität der Abscheidung an der linearen VHF-Plasmaquelle ist für die großflächige Solarzellenherstellung entscheidend. Für eine Vielzahl von Prozessparametern wurden daher Homogenitätsversuche auf Aluminiumfolie durchgeführt. Die Uniformität der Schichtabscheidung senkrecht zur Bewegungsrichtung des Substrates war dabei in jedem Fall sehr gut. Für optimierte intrinsische a-Si:H bzw. µc-Si:H Schichten betrug die Schichtdickenabweichung weniger als ± 4 % bzw. ± 2,5 %. Die Abweichung der Ramankristallinität für µc-Si:H i-Schichten betrug weniger als ± 5 %. Zur Komplettierung wurden auch vollständige Solarzellen hinsichtlich der Homogenität untersucht. Die Abweichungen in den Solarzellenkenndaten senkrecht zur Bewegungsrichtung des Substrates waren dabei gering (<± 1,5 %).

Die Dynamik der Abscheidung von Dünnschichtsolarzellen aus Silizium wurde bisher kaum untersucht. In dieser Arbeit sind experimentelle sowie theoretische Betrachtungen zur dynamischen Herstellung von a-Si:H Solarzellen durchgeführt worden. Es zeigte sich, dass die lokalen Schichteigenschaften von a-Si:H entlang der Bewegungsrichtung des Substrates sehr inhomogen verteilt sind. Sowohl die chemische Zusammensetzung (Sauerstoffgehalt, Wasserstoffgehalt) als auch die Schichtstruktur (Mikrostrukturparameter) variieren lokal in Bewegungsrichtung. Werden die Plasmazonen, in denen Schichten unterschiedlicher Qualität aufwachsen, mit konstanter Geschwindigkeit durchfahren, bildet sich das in der Schicht als ein inhomogener Mehrschichtstapel ab. Dennoch werden sowohl dynamisch als auch statisch hergestellte Einzelschichten und Solarzellen mit nahezu identischen Eigenschaften hergestellt. Beispielsweise sind die Solarzellenkenndaten (η, FF, U_{oc}, J_{sc}) statisch als auch dynamisch mit Geschwindigkeiten bis 500 mm/min hergestellter Solarzellen annähernd konstant. Lediglich der Füllfaktor der dynamisch hergestellten Solarzellen war geringfügig reduziert.

Ein theoretisches Mehrschichtmodell der dynamisch abgeschiedenen Solarzelle wurde zur Erklärung dieses scheinbaren Gegensatzes entwickelt. Die Defektdichte als auch die optische Bandlücke sind in einer fünffach untergliederten Absorberschicht variiert worden. Die Simulation dieser Solarzellen ergab kaum Abweichungen in den Kenndaten von dynamisch und statisch hergestellten Solarzellen. Dies gilt jedoch nur bis zu einer gewissen Obergrenze der Defektdichte in den i-Teilschichten. Ein geringfügiger Abfall des Füllfaktors für dynamisch deponierte Zellen wird auch vom Modell vorausgesagt. Dieses Ergebnis stimmt gut mit den experimentellen Ergebnissen überein. Der geringfügige Abfall des Füllfaktors bei der dynamischen Abscheidung wird hauptsächlich durch den Einfluss der lokalen Gebiete erhöhter Defektdichte (Rekombinationsrate) in der i-Schicht erklärt, die den Elektronentransport behindern. Zusätzlich kommen Banddiskontinuitäten in der i-Schicht hinzu, die die Ladungsträgerseparation erschweren und den Füllfaktor senken.

Zuletzt wurde eine Abschätzung der Kapazität und Kosten einer imaginären dynamischen Massenfertigung mit linearen VHF-Plasmaquellen durchgeführt. Als Referenz diente dabei die sehr kostenoptimierte statische Batch-Fertigung von siliziumbasierten Dünnschichtsolarzellen von Oerlikon Solar. Die Berechnung der Jahreskapazität der imaginären dynamischen Fertigungslinie ergab 17,4 MWp. Ein statisches Beschichtungsmodul (KAI MT) von Oerlikon Solar verfügt über eine ähnliche Kapazität (20 MWp). Anhand des materiellen Aufwandes zur Erzielung der Jahreskapazität konnten Rückschlüsse auf die Wirtschaftlichkeit der jeweiligen Verfahrensvarianten gezogen werden. Die dynamische Fertigung ist konkurrenzfähig zur statischen Batch-Fertigung. Eine Vielzahl von Parametern zur weiteren Produktivitätssteigerung sind für die dynamische Fertigung vorhanden (Elektrodenlänge, Substratgeschwindigkeit etc.).

Ausblick

Eine Fokussierung des dynamischen Fertigungskonzeptes auf die Rolle-zu-Rolle-Herstellung von flexiblen Solarzellen erscheint sinnvoll. Damit ließen sich durch neue Anwendungsgebiete (z.B. Solarzellen auf gewölbten Dächern) oder durch Verwendung preiswerterer flexibler Substrate strategische Wettbewerbsvorteile gegenüber der statischen Batch-Fertigung erzielen. Zusätzlich verspricht die simultane dynamische Beschichtung mehrerer Substrate in einem Durchlauf einen großen Produktivitätsgewinn. In diesem Zusammenhang ist zu klären, inwieweit die Beschichtung von Substraten auf der VHF-Elektrodenseite die Solarzelleneffizienz beeinflusst.

9. Zusammenfassung und Ausblick

Einige Ansätze für zukünftige Technologieverbesserungen der dynamischen Fertigung werden des Weiteren kurz aufgegriffen. Insbesondere für mikrokristallines Silizium besteht Optimierungsbedarf bei der p-dotieren Fensterschicht. Das initiale Kristallwachstum kann durch Verwendung größerer VHF-Leistungen und geringerer Prozessdrücke optimiert werden [165, 167, 168]. Auch der Einfluss der Dynamik auf das initiale Kristallwachstum muss gründlich untersucht werden. Weiterhin sind zur produktiven Herstellung von Dünnschichtsolarzellen insbesondere für µc-Si:H größere Abscheideraten nötig. Eine Möglichkeit die Rate zu erhöhen, ist die Verwendung des "high-power-depletion" Depositionsregimes [16, 172]. Eine sorgfältige Überprüfung des Reaktordesigns ist in diesem Zusammenhang zur Vermeidung von Pulverbildung notwendig. In einem anstehenden EU-Projekt sind ausführliche Simulationsrechnungen zur Reaktoroptimierung mit linearen Plasmaquellen geplant. Ein anderer Ansatz die Rate zu erhöhen, ist die Verwendung noch größerer Plasmaanregungsfrequenzen (80-150 MHz). Eine Doktorarbeit zu diesem Thema ist bereits im Gange. Für amorphes Silizium sollte ferner eine kohlenstoffdotierte p-Fensterschicht eingeführt werden. Dadurch ließe sich das volle Effizienzpotential dieser Technologie ausbeuten. Die Verschaltung beider Solarzellentypen (a-Si:H p-i-n und µc-Si:H p-i-n) zu einer komplett dynamisch gefertigten Tandemsolarzelle ist lohnenswert, um das volle Potential der dynamische Fertigung zu demonstrieren.

Um allgemein auf der Zellebene den Wirkungsgrad von siliziumbasierten Dünnschichtsolarzellen weiter zu steigern, geht der Trend in Richtung Triple- [203] und 3-D-Solarzellen [204]. Im Fall der Dreifachsolarzellen müssen vor allem die Bandabstände der Teilzellen genau kontrolliert werden. Für die lichtzugewandte Teilzelle sind neue Materialien mit großem Bandabstand (a-SiO, a-SiC) notwendig. In der Bottomzelle kommen Materialien wie z.B. µc-SiGe mit sehr niedrigem Bandabstand in Frage. Die mittlere Teilzelle kann z.B. durch µc-Si:H oder a-SiGe ausgefüllt werden. Simulationen zeigen, dass mit diesem Zelltyp Wirkungsgrade im 20 %-Bereich möglich sind [203]. Neueste Ergebnisse von United-Solar mit initialen Wirkungsgraden von 16,3 % für diesen Zelltyp bestätigen das große Potential dieser Technologie [205].

II Abbildungsverzeichnis

Abbildung 2.1: Vereinfachtes ebenes Schema der Gitterstruktur von kristallinem Silizium (links) im Vergleich zu hydrogenisiertem amorphen Silizium (rechts) 6

Abbildung 2.2: Standardmodell der Zustandsdichteverteilung mit zwei Gauß-verteilungen für die amphoteren Dangling-Bond-Zustände in der Mitte der Mobilitätslücke (E_G^{mob}) von a-Si:H 7

Abbildung 2.3: Aufbau von siliziumbasierten p-i-n Einzelsolarzellen (links) und p-i-n-p-i-n Tandemsolarzellen (rechts) 10

Abbildung 3.1: Messstruktur zur Ermittlung der Leitfähigkeit von amorphen und mikro-kristallinen Siliziumschichten. 12

Abbildung 3.2: Charakteristisches Ramanspektrum einer µc-Si:H Schicht am Phasenübergang µc-Si:H/ a-Si:H mit X_c = 61,3 % 15

Abbildung 3.3: Ersatzschaltbild der Solarzelle mit Parallel- und Serienwiderstand (links) sowie JU-Kennlinie mit charakteristischen Kenngrößen η, FF, U_{oc} sowie J_{sc} (rechts) 16

Abbildung 3.4: Gemessene Dunkelkennlinie einer a-Si:H p-i-n Solarzelle (offene Quadrate) sowie Fit-Gerade im exponentiellen Bereich der Dunkelkennlinie (schwarze Linie) 17

Abbildung 4.1: Kleinflächiger (65 mm²) Solarzellenaufbau auf Glassubstraten (25x25 mm²) in der Draufsicht (links) sowie in der Seitenansicht (rechts). 23

Abbildung 4.2: Prinzip der statischen (links) sowie dynamischen Fertigung (rechts) von Dünnschichtsilizium für Solarzellen mittels RF- bzw. VHF-PECVD (nicht maßstabsgetreu) 25

Abbildung 4.3: Schema der F&E-Durchlaufanlage zur Simulation der dynamischen Fertigung von Dünnschichtsolarzellen mit Vakuumsystem; S - Schleuse, 1 - Prozessraum zur p-Schichtabscheidung, 2 - n-Schicht-abscheidung, 3 - i-Schichtabscheidung 26

Abbildung 4.4: Lineare VHF-Plasmaquelle (links) sowie Darstellung des Prozess-raumes mit Substratträger, Gaseinlass, Absaugung und Elektrode (rechts) 27

Abbildung 5.1: Technologische Entwicklungsschritte zur Verbesserung der a-Si:H Solarzelleneffizienz. Die Starttechnologie (optimierte Technologie) ist durch einen initialen Wirkungsgrad von 3,5 % (10,27 %) gekennzeichnet (schwarze Balken). Die schraffierten Rechtecke markieren die Wirkungsgradverbesserungen pro Technologiestufe. 30

Abbildung 5.2: Spektrale Quanteneffizienz von a-Si:H Solarzellen mit verschiedenen Rückseitenreflektoren ZnO/Ag (schwarze Linie), ZnO/Al (gepunktete Linie), Ag (offene Kreise) sowie Al (gestrichelte Linie), Quelle: [100] 34

Abbildung 5.3: JU-Kennlinien einer a-Si:H Solarzelle vor Temperung (offene Rechtecke) und nach Temperung (geschlossene Kreise) für 30 Minuten bei 150°C. 35

Abbildung 5.4: Hochauflösende REM-Aufnahmen der texturierten TCO-Oberfläche von ITO (links) und SnO_2:F (rechts) 37

Abbildung 5.5: TOF-SIMS-Intensität von Metallionen auf der SnO_2:F Substratoberfläche vor der Reinigung (schwarze Säulen), nach Reinigung in Stufe 2 (schraffierte Säulen) und nach Reinigung in Stufe 2 und 3 (weiße Säulen); TOF-SIMS-Parameter: Spannung 25 keV, Messfeld 100 x 100 µm² 38

Abbildung 5.6: Dunkelleitfähigkeit von dynamisch hergestellten a-Si:H p-Schichten (schwarze Rauten) in Abhängigkeit der TMB-Konzentration in der Gasphase (v = 25 mm/min, 4 Plasmadurchquerungen, Schichtdicke ca. 500 nm, 30 mW/cm²); Referenzwerte (offene Quadrate bzw. Dreiecke) zur Dotierung mit TMB von Lloret et al. [128] und mit B_2H_6 von Spear und Le Comber [9] 44

Abbildung 5.7: Mikrostrukturfaktor R* von a-Si:H p-Schichten in Abhängigkeit der TMB-Konzentration in der Gasphase bei der p-Schichtabscheidung. Die eingefügte Abbildung zeigt die Infrarotabsorptionsbanden bei 2000 bzw. 2100 1/cm, aus denen der Mikrostrukturfaktor abgeleitet wird. 45

Abbildung 5.8: dynamische Abscheiderate (schwarze Rauten) und statischer Brechungsindex (offene Quadrate) von p-dotierten a-Si:H Schichten als Funktion des TMB/ SiH_4-Verhältnisses in der Gasphase (v = 25 mm/min, 4 Plasmadurchquerungen, Schichtdicke ca. 500 nm, 30 mW/cm²) 46

Abbildung 5.9: U_{oc} (schwarze Rauten) und J_{sc} (offene Quadrate) in Abhängigkeit der p-Schichtdicke von a-Si:H p-i-n Solarzellen; weitere Parameter bei der p-Schichtherstellung: v = 100 - 520 mm/min, j = 1, TMB/ SiH_4 = 0,9 % 48

Abbildung 5.10: Grafische Darstellung des vereinfachten Modells zur Abschätzung der Begrenzung der Leerlaufspannung. Der Photostrom J_{sc} gleicht für $U = U_{oc}$ dem Diodenvorwärtsstrom J_D (identische Länge der schwarzen Pfeile). 51

Abbildung 5.11: Initiale a-Si:H p-i-n Solarzellenkenngrößen in Abhängigkeit der TMB-Dotierstoffkonzentration während der p-Schichtabscheidung; weitere Abscheideparameter der p-Schichten: Dicke 10 nm, v = 213 - 263 mm/min, j = 1, P_{VHF} = 30 mW/cm². 52

Abbildung 5.12: Initialer Wirkungsgrad (offene Dreiecke bzw. Kreise), Füllfaktor (gefüllte Quadrate bzw. Kreise), U_{oc} (gefüllte Rauten bzw. Quadrate), und J_{sc} (offene Quadrate bzw. Rauten) als Funktion der Substrattemperatur. Setup 1: i-Schicht: SC 20 %, p = 30 Pa, P = 140 mW/cm²; Setup 2: i-Schicht: SC 40 %, p = 45 Pa, P = 100 mW/cm². 56

Abbildung 5.13: Initialer und stabilisierter Wirkungsgrad von a-Si:H Einzelsolarzellen für verschiedene Setups (Setup 1: offene Kreise bzw. Dreiecke; Setup 2: geschlossene Quadrate bzw. Rauten) in Abhängigkeit der Substrattemperatur bei einer Beleuchtungsdauer von ca. 120 h (AM 1.5). 58

Abbildung 5.14: Einfluss der Silankonzentration (i-Schicht) auf die a-Si:H Solarzellenkenndaten Wirkungsgrad (offene Kreise), Füllfaktor (schwarze Quadrate), Leerlaufspannung (schwarze Rauten) sowie Kurzschlussstromdichte (offene Quadrate). 60

Abbildung 5.15: Initialer (offene Kreise) und stabilisierter Wirkungsgrad (schwarze Quadrate) von a-Si:H Einzelsolarzellen in Abhängigkeit der Silankonzentration (Beleuchtungsdauer ca. 1000 h AM 1.5). 61

Abbildung 5.16: Aufbau der dynamisch hergestellten, optimierten a-Si:H Einzelsolarzelle mit ZnO/Ag-Rückkontakt unter AM 1.5 Beleuchtung (graue Pfeile) durch das Glassubstrat. 63

Abbildung 5.17: J/U-Kennlinie unter AM 1.5 Beleuchtung (offene Kreise) sowie Dunkelkennlinie (offene Quadrate) einer optimierten a-Si:H Einzelsolarzelle vor Lichtalterung (Im eingefügten Rahmen sind die zugehörigen Solarzellenkenndaten angegeben) 64

Abbildung 5.18: Relativer Wirkungsgrad (offene Kreise) und Füllfaktor (schwarze Quadrate) von a-Si:H p-i-n Einzelsolarzellen in Abhängigkeit der Beleuchtungsdauer (1000 h, AM 1.5, i-Schichtdicke 300 nm) 66

Abbildung 5.19: Einfluss der dynamischen Abscheiderate bei der i-Schichtabscheidung von a-Si:H p-i-n Solarzellen auf den initialen (offene Kreise) sowie stabilisierten Wirkungsgrad (schwarze Quadrate) nach 120 h AM 1.5 Beleuchtung. 69

Abbildung 5.20: Schwankungsbereich der a-Si:H p-i-n Solarzellenkenndaten Wirkungsgrad (offene Kreise), Füllfaktor (schwarze Quadrate), U_{oc} (schwarze Rauten) sowie J_{sc} (offene Quadrate) bei siebenfach wiederholter Abscheidung mit Angabe von Fehlerbalken. 70

Abbildung 5.21: Dunkelleitfähigkeit von μc-Si:H p-Schichten in Abhängigkeit des TMB/SiH$_4$-Verhältnisses bei 100 mW/cm² (links) und in Abhängigkeit der VHF-Leistung bei 0,34 % TMB/SiH$_4$ (rechts); weitere Parameter: Gasfluss 1000 sccm, Silankonzentration 1 %, Prozessdruck 50 Pa, Schichtdicke 50 nm 74

Abbildung 5.22: Schichtdickenabhängige Dunkelleitfähigkeit von dynamisch hergestellten μc-Si:H p-Schichten (schwarze Dreiecke), weitere Abscheideparameter: 100 mW/cm², 50 Pa, 1000 sccm, Silankonzentration 1 %, TMB/SiH$_4$ 0,0034, Referenz: Flückiger et al. (offene Kreise) 75

Abbildung 5.23: Optimierter μc-Si:H p-i-n Solarzellenaufbau (links) sowie J/U-Kennlinien unter Beleuchtung (rechts) und ohne Beleuchtung (rechts - Einlass) in Entwicklungsstufe III (η 6,5 %, FF 68 %, U_{oc} 470 mV, J_{sc} -20,7 mA/cm²)..77

Abbildung 6.1: Experimenteller Aufbau für die statische Abscheidung von Siliziumdünnschichten zur Untersuchung der Homogenität. 82

Abbildung 6.2: Amorphe (offene Quadrate) und mikrokristalline (schwarze Rauten) Silizium i-Schichtdickenverteilung sowie Ramankristallinität (Sterne) von μc-Si:H über der VHF-Elektrodenlänge (Y-Achse). 83

Abbildung 6.3: 3D-Homogenitätsprofil der Abscheidung von amorphem Silizium bei 81,36 MHz, 1000 sccm, 45 Pa und 100 mW/cm². Auf der Z-Achse ist die Abscheiderate angegeben. 84

Abbildung 6.4: Homogenität der Solarzellenkenndaten Wirkungsgrad (offene Kreise), Füllfaktor (schwarze Quadrate), U_{oc} (schwarze Rauten) sowie J_{sc} (offene Quadrate) von a-Si:H Solarzellen senkrecht zur Bewegungsrichtung des Substrates (Y-Richtung) 85

Abbildung 7.1: Abscheiderate (schwarze Rauten) sowie Mikrostrukturfaktor (Sterne) in Abhängigkeit der Position im Prozessraum. Die gestrichelten Linien markieren den Bereich der Ausdehnung der VHF-Elektrode (schraffierte Fläche) in X-Richtung. 89

Abbildung 7.2: Bandlücke (Tauc-Gap - schwarze Rauten) sowie Wasserstoffgehalt (offene Dreiecke) als Funktion der Position X im Prozessraum. Die gestrichelten Linien markieren den Bereich der Ausdehnung der VHF-Elektrode (schraffierte Fläche). 89

Abbildung 7.3: SIMS-Tiefenprofilmessung einer dynamisch abgeschiedenen a-Si:H p-i-n Solarzelle; Sauerstoff (offene Kreise), Kohlenstoff (schwarze Kreise), Bor (durchgezogene Linie), Phosphor (gestrichelte Linie) 91

Abbildung 7.4: Solarzellenkenngrößen initialer/ degradierter Wirkungsgrad (offene Kreise/ Dreiecke), Füllfaktor (schwarze Quadrate), U_{oc} (schwarze Rauten) sowie J_{sc} (offene Quadrate) von statisch und dynamisch mit unterschiedlichen Substratgeschwindigkeiten hergestellten a-Si:H p-i-n Solarzellen. 92

Abbildung 7.5: Simulierte (durchgezogene Linie) und gemessene J-V Kennlinie unter AM 1.5 Beleuchtung (offene Quadrate) einer dynamisch hergestellten a-Si:H p-i-n Solarzelle mit Aluminium-Rückkontakt. 98

Abbildung 7.6: Abscheideratenprofil mit Beschichtungszonen I - V (links) sowie nach Durchfahren der Zonen entstehende a-Si:H p-i-n Solarzellenstruktur mit fünffach unterteiltem Absorber (rechts). 99

Abbildung 7.7: Defektdichtevariation in der Solarzellensimulation mit unterschiedlichen Teilschichteigenschaften in Teilschicht I - V. Stufe 0: statisch simulierte Solarzelle 101

Abbildung 7.8: Simulierte Solarzellenkenndaten einer statisch deponierten a-Si:H Solarzelle (äußerst linker Diagrammpunkt bei N_{db} = 3,5E+22 1/m³) und von dynamisch hergestellten Solarzellen mit unterschiedlicher Defektdichte (N_{db} = 5,5E+22 - 1,75E+23 1/m³) in den Grenzbereichen I / II und IV / V. 102

Abbildung 7.9: Links: Rekombinationsrate über der i-Schichtdicke einer quasi-statisch (N_{db} = 3,5E+22 1/m³) sowie dynamisch simulierten a-Si:H Solarzelle (N_{db} = 7,5E+22 1/m³) Rechts: Rekombinationsrate über der Solarzellendicke einer statisch (N_{db} = 3,5E+22 1/m³) sowie dynamisch (N_{db} = 5,5E+22 1/m³), mit drei Plasmadurchquerungen, simulierten a-Si:H Solarzelle. 103

Abbildung 7.10: Solarzellenkenndaten von dynamisch simulierten a-Si:H Solarzellen in Abhängigkeit der Anzahl an Plasmadurchquerungen. 104

Abbildung 8.1: Prinzipskizze einer Fertigungslinie mit dynamischer Beschichtung von Glassubstraten (graue Balken) und VHF-Linienquellen zur Produktion von a-Si:H/µc-Si:H Tandemsolarzellen. 108

III Tabellenverzeichnis

Tabelle 4.1: Prozessparameter (linke Spalte) und deren Funktion (rechte Spalte) bei der PECVD von amorphen und mikrokristallinen Siliziumschichten. 21

Tabelle 5.1: Füllfaktor (FF), Leerlaufspannung (U_{oc}) sowie Serienwiderstand (R_s) von a-Si:H Solarzellen auf SnO_2:F mit unterschiedlicher Substratvorbehandlung. 39

Tabelle 5.2: Herstellungsparameter und Schichteigenschaften von ca. 500 nm dicken p-dotierten a-Si:H Einzelschichten vor der Optimierung 41

Tabelle 5.3: Schichteigenschaften von dynamisch hergestellten a-Si:H p-Schichten in Abhängigkeit der VHF-Leistung (v = 25 mm/min, SiH_4/ (H_2+SiH_4) = 16,4 %, TMB/ SiH_4 = 1,2 %, 15 Pa, 200 °C) 42

Tabelle 5.4: Herstellungsparameter von a-Si:H p-i-n Solarzellen mittels dynamischer VHF-PECVD vor der p-Schichtoptimierung. 47

Tabelle 5.5: Solarzellenkenndaten von µc-Si:H p-i-n Solarzellen. Stufe I: Ausgangszustand, Stufe II: optimierte p- und i-Schicht, Stufe III: neuer Rückkontakt (Ag) und angepasste Silankonzentration am Phasenübergang µc-Si:H/a-Si:H 76

Tabelle 5.6: Ausgewählte Herstellungsparameter von dynamisch, an der VHF-Durchlaufanlage abgeschiedenen µc-Si:H p-i-n Solarzellen 78

Tabelle 7.1: Abscheideparameter von statischen a-Si:H Einzelschichten zur Untersuchung der Homogenität in Bewegungsrichtung 88

Tabelle 7.2: Ausgewählte Inputgrößen zur Simulation einer statisch hergestellten a-Si:H p-i-n Solarzelle in ASA. Dicke der Einzelschichten: p - 10 nm, i - 330 nm, n - 20 nm 97

Tabelle 8.1: Angenommene (d_{max}, R_{st}, t_{Ges}) und berechnete (t_n, t_p, t_A, t_R) Inputgrößen zur Berechnung der Produktionszyklenanzahl n_p 109

Tabelle 8.2: Angenommene (x_M, x_G, v, γ) und berechnete (t_M, t_2, t_1) Inputgrößen zur Berechnung der Anzahl an Solarmodulen n_{SM}, die pro Produktionszyklus hergestellt werden können 110

IV Literaturverzeichnis

[1] M. Liebreich, E. Zindler, T. Tringas, A. Gurung, M. von Bismarck, World Economic Forum, April 2011, Green Investing 2011 – Reducing the Cost of Financing, Ref. 200311

[2] A. Jäger-Waldau, PV status report, Research, Solar Cell Production and Market Implementation of Photovoltaics, European Commission, Joint Research Centre, Institute for Energy (2011) ISBN 978-92-79-20171-4

[3] P. Jackson, D. Hariskos, E. Lotter, S. Paetel, R. Wuerz, R. Menner, W. Wischmann und M. Powalla, New world record efficiency for Cu(In,Ga)Se2 thin-film solar cells beyond 20%, Prog. Photovolt: Res. Appl. (2011) 19:894–897

[4] R. Gillette, M. Widmar, L. Polizzotto, First Solar Q2 2011 Earnings Call, http://files.shareholder.com/downloads/FSLR/1349782674x0x489148/929dfc96-e413-4147-8871-90876cc61251/Q2_2011_Earnings_Call_Presentation_Final.pdf
(Abrufdatum 17.11.2011)

[5] T. Kratzla, A. Zindel, R. Benz, Oerlikon solar's key performance drivers to grid parity, In: Proceedings of 25th European Photovoltaic Solar Energy Conference and Exhibition / 5th World Conference on Photovoltaic Energy Conversion, (2010) 2807- 2810

[6] O. Kluth, J. Kalas, M. Fecioru-Morariu, P.A. Losio and J. Hoetzel, The Way to 11 % Stabilized Module Efficiency Based on 1.4 m^2 Micromorph® Tandem, In: Proceedings of 26th European Photovoltaic Solar Energy Conference and Exhibition, (2011) 2354-2357

[7] A. Terakawa, M. Hishida, S. Yata, W. Shinohara, A. Kitahara, H. Yoneda, Y. Aya, I. Yoshida, M. Iseki and M. Tanaka, SANYO's R&D on Thin-Film Silicon Solar Cells, In: Proceedings of 26th European Photovoltaic Solar Energy Conference and Exhibition, (2011) 2362-2365

[8] R. C. Chittick, J. H. Alexander, and H. F. Sterling, The Preparation and Properties of Amorphous Silicon, J. Electrochem. Soc. 116 (1969) 77-81

[9] W.E. Spear and P.G. Le Comber, Substitutional doping of amorphous silicon, Solid State Communications, Vol. 17, (1975) 1193-1196

[10] D.E. Carlson and C.R. Wronski, Amorphous silicon solar cell, Appl. Phys. Lett. 28, (1976) 671-673

[11] S. Veprek, V. Mareček, The preparation of thin layers of Ge and Si by chemical hydrogen plasma transport, Solid-State Electronics, 11 (1968) 683-684

[12] C. Wang and G. Lucovsky, Intrinsic Microcrystalline silicon deposited by remote PECVD: A new thin-film photovoltaic material, Conference Record of the Twenty First IEEE Photovoltaic Specialists Conference, (1990) 1614-1618

[13] J. Meier, R. Flückiger, H. Keppner, A. Shah, Complete microcrystalline p-i-n solar cell-- Crystalline or amorphous cell behavior? Appl. Phys. Lett. 65, (1994) 860-862

IV Literaturverzeichnis

[14] K. Yamamoto, M. Yoshimi, Y. Tawada, Y. Okamoto, A. Nakajima, Cost effective and high-performance thin film Si solar cell towards the 21st century, Solar Energy Mater. Solar Cells 66 (2001) 117-125

[15] B. Rech, O. Kluth, T. Repmann, T. Roschek, J. Springer, J. Müller, F. Finger, H. Stiebig, H. Wagner, New materials and deposition techniques for highly efficient silicon thin film solar cells, Solar Energy Mater. Solar Cells 74 (2002) 439-447

[16] L. Guo, M. Kondo, M. Fukawa, K. Saitoh, A. Matsuda, High rate deposition of microcrystalline silicon using conventional plasma-enhanced chemical vapor deposition, Jpn. J. Appl. Phys. 37 (1998) L1116-L1118

[17] B. Rech, T. Roschek, J. Müller, S. Wieder, H. Wagner, Amorphous and microcrystalline silicon solar cells prepared at high deposition rates using RF (13.56 MHz) plasma excitation frequencies, Solar Energy Mater. Solar Cells 66 (2001) 267-273

[18] H. Mashima, M. Murata, Y. Takeuchi, H. Yamakoshi, T. Horioka, T. Yamane, Y. Kawai, Characteristics of very high frequency plasma produced using a ladder-shaped electrode, Jpn. J. Appl. Phys. 38 (1999) 4305-4308

[19] Y. Takeuchi, Y. Nawata, K. Ogawa, A. Serizawa, Y. Yamauchi and M. Murata, Preparation of large uniform amorphous silicon films by VHF-PECVD using a ladder-shaped antenna, Thin Solid Films 386 (2001) 133-136

[20] U. Stephan, Elektrische Charakterisierung und Optimierung von Systemen zur plasmagestützten Werkstückbearbeitung im Ultrakurzwellenbereich, Dissertation, Technische Universität Dresden (1997)

[21] Y. Ichikawa, T. Yoshida, T. Hama, H. Sakai, K. Harashima, Production technology for amorphous silicon-based flexible solar cells, Sol. Energy Mater. Sol. Cells 66 (2001) 107-115

[22] J. Yang, B. Yan, S. Guha, Amorphous and nanocrystalline silicon-based multi-junction solar cells, Thin Solid Films 487 (2005) 162-169

[23] D. Fischer, A. Closset, Y. Ziegler, Electric energy generating modules with a two-dimensional profile and method of fabricating the same, US Patent App. (2007) 11/521874

[24] R.A. Street, Hydrogenated amorphous silicon, Cambridge University Press (1991)

[25] R.E.I. Schropp, M. Zeman, Amorphous and Microcrystalline Silicon Solar Cells, Modelling, Materials and Device Technology, Kluwer Academic Publishers (1998)

[26] R.A. Street, J.C. Knights, D.K. Biegelsen, Luminescence studies of plasma-deposited hydrogenated silicon, Phys. Rev. B 18(4), (1978) 1880-1891

[27] A. Matsuda, Thin-Film Silicon—Growth Process and Solar Cell Application—, Jpn. J. Appl. Phys. 43 (12), (2004) 7909-7920

[28] F. Urbach, The Long-Wavelength Edge of Photographic Sensitivity and of the Electronic Absorption of Solids, Phys. Rev. 92, (1953) 1324

[29] A. Matsuda, Formation kinetics and control of microcrystallite in μc-Si:H from glow discharge plasma, J. Non-Cryst. Solids 59–60 (1983) 767-774

[30] C.C. Tsai, G.B. Anderson, R. Thomson, B. Wacker, Control of silicon network structure in plasma deposition, J. Non-Cryst. Solids 114 (1989) 151-153

[31] K. Nakamura, K. Yoshino, S. Takeoka, I. Shimizu. Roles of Atomic Hydrogen in Chemical Annealing, Jpn. J. Appl. Phys. 34 (1995) 442-449

[32] J. Meier, S. Dubail, R. Fluckiger, D. Fischer, H. Keppner, A. Shah, Intrinsic microcrystalline silicon (μc-Si:H) - a promising new thin film solar cell material, First WCPEC, Conference Record of the Twenty Fourth. IEEE Photovoltaic Specialists Conference, (1994) 409- 412

[33] D.L. Staebler, C.R. Wronski, Reversible conductivity changes in discharge-produced amorphous Si, Appl. Phys. Lett. 31 (4), (1977) 292-294

[34] D. E. Carlson, Hydrogenated Microvoids and Light-Induced Degradation of Amorphous-Silicon Solar Cells, Appl. Phys. A 41, (1986) 305-309

[35] M. Goerlitzer, P. Torres, N. Beck, N. Wyrsch, H. Keppner, J. Pohl, A. Shah, Structural properties and electronic transport in intrinsic microcrystalline silicon deposited by the VHF-GD technique, J. Non-Cryst. Solids 227–230, (1998) 996-1000

[36] M. Hack and M. Shur, Physics of amorphous silicon alloy p-i-n solar cells, J. Appl. Phys. 58 (2) (1985) 997-1020

[37] F. Zhu and J. Singh, On the optical design of thin film amorphous silicon solar cells, Solar Energy Materials and Solar Cells 31 (1993) 119-131

[38] U. Kroll, J. Meier, L. Fesquet, J. Steinhauser, S. Benagli, J.-B. Orhan, B. Wolf, D. Borrello, L. Castens, Y. Djeridane, X. Multone, G. Choong, D. Domine, J.-F. Boucher, P-A. Madliger, M. Marmelo, G. Monteduro, B. Dehbozorgi, D. Romang, E. Omnes, M. Chevalley, G. Charitat, A. Pomey, E. Vallat-Sauvain, S. Marjanovic, G. Kohnke, K. Koch, J. Liu, R. Modavis, D. Thelen, S. Vallon, A. Zakharian and D. Weidman, Recent developments of high-efficiency micromorph tandem solar cells in KAI-M/Plasmabox PECVD reactors, In: Proceedings of the 26th European Photovoltaic Solar Energy Conference and Exhibition, (2011) 2340-2343

[39] K. Yamamoto, A. Nakajima, M. Yoshimi, T. Sawada, S. Fukuda, T. Suezaki, M. Ichikawa, Y. Koi, M. Goto, T. Meguro, T. Matsuda, M. Kondo, T. Sasaki and Y. Tawada, A Thin-film Silicon Solar Cell and Module, Prog. Photovolt: Res. Appl., (2005) 13:489–494

[40] D. Fischer, S. Dubail, J. A. Anna Selvan, N. Pellaton Vaucher, R. Platz, Ch. Hof, U. Kroll, J. Meier, P. Tomes, H. Keppner, N. Wyrsch, M. Goetz, A. Shah, K.-D.Ufert. The micromorph solar cell: extending a-Si:H technology towards thin film crystalline silicon. Proceedings of the 25th PVSEC, Washington DC, (1996) 1053-1056.

[41] W. Beyer, B. Hoheisel, Photoconductivity and dark conductivity of hydrogenated amorphous silicon, Solid State Communications, 47(7), (1983) 573-576

[42] R. Swanepoel, Determination of the thickness and optical constants of amorphous silicon, J. Phys. E: Sci. Instrum.. Vol. 16, (1983) 1214-1222

[43] J. Tauc, R. Grigorovici, and A. Vancu, Optical Properties and Electronic Structure of Amorphous Germanium, phys. stat. sol. 15, (1966) 627-637

[44] M.H. Brodsky, M. Cardona, J.J. Cuomo, Infrared and Raman spectra of the silicon-hydrogen bonds in amorphous silicon prepared by glow discharge and sputtering, Phys. Rev. B: 16(8), (1977) 3556-3571

[45] N. Maley, Critical investigation of the infrared-transmission-data analysis of hydrogenated amorphous silicon alloys, Phys. Rev. B: 46(4), (1992) 2078-2085

[46] A.A. Langford, M.L.Fleet, B.P. Nelson, W.A. Lanford, N. Maley, Infrared absorption strength and hydrogen content of hydrogenated amorphous silicon, Physical review B, Vol. 45 (23) (1992) p. 13367-13377

[47] G. Lucovsky, R.J. Nemanich, J.C. Knights, Structural interpretation of the vibrational spectra of a-Si:H alloys, Phys. Rev. B 19(4), (1979) 2064-2073

[48] R. Kobliska, S. Solin, Raman spectrum of wutzite silicon, Phys. Rev. B: 8(8), (1973) 3799-3802

[49] H. Xia, Y.L. He, L.C. Wang, W. Zhang, X.N. Liu, X.K. Zhang, D. Feng, Phonon mode study of Si nanocrystals using micro-Raman spectroscopy, J. Appl. Phys. 78, (1995) 6705-6708

[50] S. Veprek, F.A. Sarott, Z. Iqbal, Effect of grain boundaries on the Raman spectra, optical absorption, and elastic light scattering in nanometer-sized crystalline silicon, Phys. Rev. B 36(6), (1987) 3344-3350

[51] C. van Berkel, M.J. Powell, A.R. Franklin, and I.D. French, Quality factor in a-Si:H nip and pin diodes, J. Appl. Phys. 73 (10), (1993) 5264-5268

[52] K. Yamamoto, A. Nakajima, M. Yoshimi, T. Sawada, S. Fukuda, T. Suezaki, M. Ichikawa, Y. Koi, M. Goto, T. Meguro, T. Matsuda, M. Kondo, T. Sasaki, Y. Tawada, A high efficiency thin film silicon solar cell and module, Sol. Energy 77 (2004) 939-949

[53] M. Kondo, A. Matsuda, Low temperature growth of microcrystalline silicon and its application to solar cells, Thin Solid Films 383 (2001) 1-6

[54] J. Meier, E. Vallat-Sauvain, S. Dubail, U. Kroll, J. Dubail, S. Golay, L. Feitknecht, P. Torres, S. Fay, D. Fischer, A. Shah, Microcrystalline/micromorph silicon thin-film solar cells prepared by VHF-GD technique, Solar Energy Mater. Solar Cells 66 (2001) 73-84

[55] O. Vetterl, F. Finger, R. Carius, P. Hapke, L. Houben, O. Kluth, A. Lambertz, A. Mück, B. Rech, H. Wagner, Intrinsic microcrystalline silicon: A new material for photovoltaics, Solar Energy Mater. Solar Cells 62 (2000) 97-108

[56] H. Matsumura, Formation of silicon-based thin films prepared by catalytic chemical vapor deposition (Cat-CVD) method, Jpn. J. Appl. Phys. 37 (1998) 3175-3187

[57] R.E.I. Schropp, Advances in solar cells made with hot wire chemical vapor deposition (HWCVD): superior films and devices at low equipment cost, Thin Solid Films 403 – 404 (2002) 17-25

[58] H. Shirai, Y. Sakuma, K. Yoshino, H. Ueyama, Spatial distribution of high-density microwave plasma for fast deposition of microcrystalline silicon film, Solar Energy Mater. Solar Cells 66 (2001) 137

[59] W.J. Soppe, C. Devilee, M. Geusebroek, J. Löffler and H.-J. Muffler, The effect of argon dilution on deposition of microcrystalline silicon by microwave plasma enhanced chemical vapor deposition, Thin Solid Films 515 (2007) 7490-7494

[60] W.J. Soppe, A.C.W. Biebericher, C. Devilee, H. Donker, H. Schlemm, High rate growth of micro-crystalline silicon by microwave-PECVD, Proceedings of the 3rd World Conference and Exhibition on Photovoltaic Solar Energy Conversion, Osaka (2003) 1655-1658

[61] H. Takatsuka, M. Noda, Y. Yonekura, Y. Takeuchi, Y. Yamauchi, Development of high efficiency large area silicon thin film modules using VHF-PECVD, Solar Energy 77 (2004) 951-960

[62] T. Takagi, M. Ueda, N. Ito, Y. Watabe and M. Kondo, Microcrystalline silicon solar cells fabricated using array-antenna-type very high frequency plasma-enhanced chemical vapor deposition system, Jpn. J. Appl. Phys. 45 (2006) 4003-4005.

[63] T. Takagi, M. Ueda, N. Ito and Y. Watabe, Large area VHF plasma sources, Thin Solid Films 502 (2006) 50.

[64] T. Takagi, M. Ueda, N. Ito and Y. Watabe, Microcrystalline silicon solar cells fabricated by array antenna type VHF-PCVD system, Proc. 20th European Photovoltaic Solar Energy Conf. Barcelona (2005) 1541

[65] A. Shah, J. Meier, A. Buechel, U. Kroll, J. Steinhauser, F. Meillaud, H. Schade, D. Dominé, Towards very low-cost mass production of thin-film silicon photovoltaic modules (PV) on glass, Thin Solid Films 502 (2006) 292-299

[66] Y. Chae, T. K. Won, L. Li, S. Sheng, S. Y. Choi, J. White, M. Frei, Deposition of amorphous silicon/microcrystalline silicon for tandem solar cells using cluster PECVD tool on jumbo size substrates (Gen8.5), Proceedings of the 22nd European Photovoltaic Solar Energy Conference, Milan (2007) 1807

[67] T. Repmann, S. Wieder, S. Klein, H. Stiebig, B. Rech, Production equipment for large area deposition of amorphous and microcrystalline silicon thin-film solar cells, Photovoltaic Energy Conversion IEEE 2 (2006) 1724-1727

[68] S. Guha, Amorphous silicon alloy photovoltaic technology and applications, Renew. Energy 15 (1998) 189-194

[69] S. Guha, J. Yang, A. Pawlikiewicz, T. Glatfelter, R. Ross, S.R. Ovshinsky, Band-gap profiling for improving the efficiency of amorphous silicon alloy solar cells, Appl. Phys. Lett. 54 (1989) 2330.

[70] G. Yue, B. Yan, G. Ganguly, J. Yang, S. Guha, C.W. Teplin, Material structure and metastability of hydrogenated nanocrystalline silicon solar cells, Appl. Phys. Lett. 88 (2006) 263507.

[71] R.A. Haefer, Oberflächen- und Dünnschicht-Technologie Teil I, Beschichtungen von Oberflächen, Springer-Verlag, Berlin, Heidelberg, New York, London, Paris, Tokyo (1987)

[72] H. Frey und G. Kienel, Dünnschichttechnologie, VDI Verlag, Düsseldorf (1987)

[73] A. Matsuda and T. Goto, Role of Surface and Growth-Zone Reactions in the Formation Process of µc-Si:H, Mater. Res. Soc. Symp. Proc. 164 (1990) 3

[74] J. Kuske, U. Stephan, G. Suchaneck, T. Blum, A. Kottwitz, K. Schade, VHF-Hochrate-PCVD auf großen Flächen für amorphe und polykristalline Schichten, Abschlussbericht zum Forschungsvorhaben BMBF 0329563A, Technische Universität Dresden (1997)

[75] H. Brechtel, H. Grüger, A. Kottwitz, J. Kuske, U. Stephan, R. Terasa, VHF-Hochrate-Plasma-CVD auf großen Flächen für amorphe und mikrokristalline Siliziumschichten, Abschlussbericht zum Forschungsvorhaben BMBF/BMWi 0329563B (2001)

[76] H. Curtins, N. Wyrsch, M. Favre, A. Shah, Influence of plasma excitation frequency for a-Si:H thin film deposition, Plasma chem. and plasma processing 7, (1987), 267-273

[77] M. Heintze, R.Zedlitz, VHF plasma deposition for thin-film solar cells, Progress in photovoltaics: research and applications, Vol. 1(3) (1993), 213-224

[78] M. Kondo, Y. Toyoshima, A. Matsuda, and K. Ikuta, Substrate dependence of initial growth of microcrystalline silicon in plasmaenhanced chemical vapor deposition, J. Appl. Phys. 80(10), (1996) 6061- 6063

[79] A. Matsuda, K. Kumagai, and K. Tanaka, Wide-range control of crystallite size and its orientation in glow-discharge deposited µc-Si:H, Jpn. J. Appl. Phys. 22, (1983) L34-L36

[80] B. Kalache, A. I. Kosarev, R. Vanderhaghen, and P. Roca i Cabarrocas, Ion bombardment effects on microcrystalline silicon growth mechanisms and on the film properties, J. Appl. Phys. 93, (2003) 1262-1273

[81] M. Surenda, D. Graves, Capacitively coupled glow discharges at frequencies above 13.56 MHz, Appl. Phys. Lett. 59 (1991), 2091-2093

[82] C. Ferreira, J. Loureiro, Characteristics of high-frequency and direct-current argon discharges at low pressures: a comparative analysis, J. Phys. D: Appl. Phys. 17 (1984) 1175-1188

[83] F. Finger, U. Kroll, V. Viret, A. Shah, W. Beyer, X.M. Tang, A. Howling, C. Hollenstein, Influences of a high excitation frequency (70 MHz) in the glow discharge technique on the process plasma and the properties of hydrogenated amorphous silicon, J. Appl. Phys. 71, (1992), 5665-5674

[84] S. Oda, J. Noda, M. Matsumura, Diagnostic study of VHF plasma and deposition of hydrogenated amorphous silicon films, Jpn. J. Appl. Phys. 29(10), (1990), 1889-1895

[85] A. Gordijn, Microcrystalline Silicon for Thin-Film Solar Cells, Dissertation, Universität Utrecht, (2005)

[86] B. Rech, Solarzellen aus amorphem Silizium mit hohem stabilem Wirkungsgrad, Dissertation, RWTH Aachen (1997)

[87] P. Torres, Hydrogenated Microcristalline Silicon Deposited by VHF-GD for Thin Film Solar Cells, Dissertation, Université de Neuchâtel, Schweiz (1999)

[88] A. Kadam, L. Li, S. Sheng, T.K. Won, J. Su, Y. Chae, D. Tanner, C. Eberspacher, S. Y. Choi, J.M. White, Development of highly efficient a-Si:H/mc-Si:H tandem thin film solar cells on 5.7m^2 size glass substrates, in: 23rd European Photovoltaic Solar Energy Conference, Valencia, (2008) 2062-2064

[89] S. Benagli, D. Borrello, E. Vallat-Sauvain, J. Meier, U. Kroll, J. Hötzel, J. Bailat, J. Steinhauser, M. Marmelo, G. Monteduro, L. Castens, High-Efficiency Amorphous Silicon Devices on LPCVD-ZnO TCO Prepared in Industrial KAI TM-M R&D Reactor, In: Proceedings of the 24th European Photovoltaic Solar Energy Conference, (2009) 2293-2298

[90] Y. Mai, S. Klein, R. Carius, J. Wolff, A. Lambertz, F. Finger, Microcrystalline silicon solar cells deposited at high rates, J. Appl. Phys. 97 (2005) 114913.

[91] K. Yamamoto, M. Toshimi, T. Suzuki, Y. Tawada, T. Okamoto, A. Nakajima, Thin film poly-Si solar cell on glass substrate fabricated at low temperature, In: Proceedings of MRS Spring Meeting, San Francisco (1998) 131-138

[92] O. Berger, D. Inns, A.G. Aberle, Commercial white paint as back surface reflector for thin-film solar cells, Solar Energy Materials & Solar Cells 91 (2007) 1215-1221

[93] J. Meier, U. Kroll, J. Spitznagell, S. Benagli, T. Roschek, G. Pfanner, C. Ellert, G. Androutsopoulos, A. Hugh, M. Nagel, C. Bucher, L. Feitknecht, G. Buchel, A. Bljchel, Progress in up-scaling of thin film silicon solar cells by large-area PECVD KAI systems, Conference Record of the Thirty-first IEEE Photovoltaic Specialists Conference (2005) 1464-1467

[94] E.D. Palik, Handbook of Optical Constants of Solids, Academic Press, Boston, (1985)

[95] A.D. Rakić, Algorithm for the determination of intrinsic optical constants of metal films: application to aluminum, Appl. Opt. 34, (1995) 4755-4767

[96] M. Mulato, I. Chambouleyron, E. G. Birgin, J. M. Martínez, Determination of thickness and optical constants of amorphous silicon films from transmittance data, APPL. PHYS. LETT. VOL. 77, 14 (2000) 2133-2135

[97] D. Beaglehole, O. Hunderi, Study of the interaction of light with rough metal surfaces. Phys. Rev. B 2, (1970) 309-329.

[98] G. Harbeke, Optical properties of polycrystalline silicon films. In: Harbeke, G., Editor, 1985. Polycrystalline Semiconductors-Physical Properties and Applications, Springer-Verlag, Berlin, (1985) 156-169

[99] J. Morris, R.R. Arya, J.G. O'Dowd, S. Wiedemann, Absorption enhancement in hydrogenated amorphous silicon (a-Si:H) based solar cells. J. Appl. Phys. 67, (1990) 1079-1087.

[100] J. Müller, B. Rech, J. Springer, M. Vanecek, TCO and light trapping in silicon thin film solar cells, Solar Energy 77 (2004) 917-930

[101] A. Banerjee, S. Guha, Study of back reflectors for amorphous silicon alloy solar cell application, J. Appl. Phys., Vol. 69, No. 2, (1991) 1030-1035

[102] M. Bass, Handbook of Optics, 2'nd edition, Vol. 2. McGraw-Hill (1994)

[103] M. Shahidul Haque, H. A. Naseem and W. D. Brown, Interaction of aluminum with hydrogenated amorphous silicon at low temperatures, J. Appl. Phys. 75 (8), (1994) 3928-3935

[104] C. R. M. Grovenor, Microelectronic Materials, Adam Hilger, Bristol, (1989) 224

[105] C. C. Tsai, R. J. Nemanich, M. J. Thompson and B. L. Stafford, Metal-induced crystallization of hydrogenated amorphous Si Films, Physica B 117 & 118, (1983) 953-955

[106] S. Ishihara, T. Hirao, K. Mori, M. Kitagawa, M. Ohno and S. Kohiki, Interaction between n-type amorphous hydrogenated silicon films and metal electrodes, J. Appl. Phys. 53(5), (1982) 3909-3911

[107] M. S. Ashtikar and G. L. Sharma, Silicide mediated low temperature crystallization of hydrogenated amorphous silicon in contact with aluminum, J. Appl. Phys. 78 (2), (1995) 913-918

[108] H. T. G. Hentzell, A. Robertsson, L. Hultman, G. Shaofang, S. E. Homstrom, and P. A. Psaras, Formation of aluminium silicide between two layers of amorphous silicon, Appl. Phys. Lett. 50, (1987) 933-934

[109] M.S. Ashtikar and G.L. Sharma, Silver induced formation of Si(1 1 1)- $\sqrt{3} \times \sqrt{3}$ structure from hydrogenated amorphous silicon film, Solid State Communications, Vol. 91, No. 10, (1994) 831-834

[110] J.D. Saunderson, R. Swanepoel, The influence of metal contacts and ZnO buffer-layer on the low-temperature crystallization of α-Si:H in flexible solar cells, Solar Energy Materials and Solar Cells 53 (1998) 329-332

[111] W. Beyer, Diffusion and evolution of hydrogen in hydrogenated amorphous and microcrystalline silicon, Solar Energy Materials & Solar Cells 78 (2003) 235-267

[112] H. W. Deckman, C. R. Wronski, H. Witzke, E. Yablonovitch, Optically enhanced amorphous silicon solar cells, Appl. Phys. Lett. 42, (1983) 968-970

[113] S. Ray, J. Dutta and A.K. Barua, Bilayer SnO2:In/SnO2 thin films as transparent electrodes of amorphous silicon solar cells, Thin Solid Films, 199 (1991) 201-207

[114] F. I, Sanchez Sienco and R. Williams, Barrier at the interface between amorphous silicon and transparent conducting oxides and its influence on solar cell performance, J. Appl. Phys., 54 (1983) 2757-2760

[115] M. Heyns, P.W. Mertens, J. Ruzyllo, Maggie Y.M. Lee, Advanced wet and dry cleaning coming together for next generation, Solid State Technology, Vol. 42 Issue 3, (1999) 37-47

[116] H. Mishima, T. Yasui, T. Mizuniwa, M. Abe, and T. Ohmi, Particle-Free Wafer Cleaning and Drying Technology, IEEE Transactions on semiconductor manufacturing, Vol. 2. No. 3., (1989) 69-75

[117] E. Deltombe, N. de Zoubov and M. Pourbaix, Proc. 7th Comité International de Thermodynamique et de Cinétique Electrochimique, Lindau, Butterworths, London, (1955) 216

[118] A. Mayer and S. Shwartzman, Megasonic cleaning: A new cleaning and drying system for use in semiconductor processing, Journal of Electronic Materials, Vol. 8, No. 6, (1979) 855-864

[119] N.E. Lycoudes, C.C. Childers, Semiconductor instability failure mechanisms review, IEEE Transactions of reliability, Vol. R-29, No. 3, (1980) 237-249

[120] W. Kern, D.A. Puotinen, Cleaning solutions based on hydrogen peroxide for use in silicon semiconductor technology, RCA Review, Vol. 31, (1970) 187-206

[121] W. Beyer, U, Zastrow, Diffusion of lithium and hydrogen in hydrogenated amorphous silicon, J. Non-Cryst. Solids 164-166 (1993) 289-292

[122] H. Stiebig, F. Siebke, W. Beyer, C. Beneking, B. Rech, H. Wagner, Interfaces in a-Si:H solar cell structures, Solar Energy Materials and Solar Cells 48 (1997) 351-363

[123] Y. Tawada, H. Okamoto, and Y. Hamakawa, a-SiC:H/a-Si:H heterojunction solar cell having more than 7.1 % conversion efficiency, Appl. Phys. Lett. 39(3), (1981) 237-239

[124] W.B. Jackson, N.M. Amer, Direct measurement of gap-state absorption in hydrogenated amorphous silicon by photothermal deflection spectroscopy, Phys. Rev. B 25, (1982) 5559–5562

[125] R.A. Street, Localized states in doped amorphous silicon, J. Non-Cryst. Solids 77&78, 1 (1985) 1-16

[126] J.C. Knights, G. Lucovsky, R.J. Nemanich, Defects in plasma-deposited a-Si:H, J. Non-Cryst. Solids 32, (1979) 393-403

[127] M. Stutzmann, D.K. Biegelson, R.A. Street, Detailed investigation of doping in hydrogenated amorphous silicon and germanium, Phy. Rev. B 35(11), (1987) 5666-5701

[128] A. Lloret, Z.Y. Wu, M.L. Thèye, I.El Zawawi, J.M. Siéfert und B. Equer, Hydrogenated Amorphous Silicon p-Doping with Diborane, Trimethylboron and Trimethylgallium, Appl. Phys. A55, (1992) 573-581

[129] P. Roca i Cabarrocas, S. Kumar, B. Drévillon, In situ study of the thermal decomposition of B_2H_6 by combining spectroscopic ellipsometry and Kelvin probe measurements, J. Appl. Phys. 66, (1989) 3286-3292

[130] I. Solomon, M.P. Schmidt, C. Sénémaud, M. Driss Khodja, Band structure of carbonated amorphous silicon studied by optical, photoelectron and x-ray spectroscopy, Phys. Rev. B, Vol. 38, 18 (1988) 13263-13270

[131] E. Bhattacharya and A. H. Mahan, Microstructure and the light-induced metastability in hydrogenated amorphous silicon. Appl. Phys. Lett. 52 (19), (1988) 1587-1589

[132] Z.Y. Wu, B. Drévillon, M. Fang, A. Gheorghiu and C. Sénémaud, The incorporation of carbon in a-Si:H enhanced by boron doping, J. Non-Cryst. Solids 137&138, (1991) 863-866

[133] K.J. Laidler, Chemical Kinetics, McGraw-Hill, New York (1965) 312

[134] B. Rech, H. Wagner, Potential of amorphous silicon for solar cells, Appl. Phys. A 69, (1999) 155-167

[135] J. K. Arch, F. A. Rubinelli, J.-Y. Hou, and S. J. Fonash, Computer analysis of the role of p-layer quality, thickness, transport mechanisms, and contact barrier height in the performance of hydrogenated amorphous silicon p-i-n solar cells, J. Appl. Phys. 69 (10), (1991) 7057-7066

[136] H. Sakai, T. Yoshida, S. Fujikake, T. Hama, and Y. Ichikawa, Effect of p/i-interface layer on dark J-V characteristics and Voc in p-i-n a-Si solar cells, J. Appl. Phys. 67 (7), (1990) 3494-3499

[137] A.V. Shah, M. Vaněček, J. Meier, F. Meillaud, J. Guillet, D. Fischer, C. Droz, X. Niquille, S. Faÿ, E. Vallat-Sauvain, V. Terrazzoni-Daudrix, J. Bailat, Basic efficiency limits, recent experimental results and novel light-trapping schemes in a-Si:H, µc-Si:H and 'micromorph tandem' solar cells, J. Non-Cryst. Solids 338–340 (2004) 639-645

[138] R.M.A. Dawson, S.S. Nag, and C.R. Wronski, The effect of p-layers deposited under varying conditions on hydrogenated amorphous silicon p-i-n homojunction solar cell performance, Conference Record of the Twenty Third IEEE Photovoltaic Specialists Conference (1993) 960-965

[139] S. Wieder, Amorphous Silicon Solar Cells, Comparison of p-i-n and n-i-p Structures with Zinc-Oxide Frontcontact, Dissertation, RWTH Aachen (1999)

[140] T. Takahama, S. Okomoto, K. Ninomiya, M. Nishikuni, N. Nakamura, S. Tsuda, M. Ohnishi, S. Nakano, Y. Kishi, Y. Kuwano, Application of High Temperature Deposition to a-Si Solar Cells, In Technical Digest of the 5th International Photovoltaic Solar Energy Conference, (1990) 375-378

[141] J. Jang, S.C. Kim, Anomalous substrate and annealing temperature dependencies of heavily boron-doped hydrogenated amorphous silicon, J. Appl. Phys. 61 (5) (1987) 2092-2095

[142] R. Platz, S. Wagner, C. Hof, A. Shah, S. Wieder, B. Rech, Influence of excitation frequency, temperature, and hydrogen dilution on the stability of plasma enhanced chemical vapor deposited a-Si:H, J. Appl. Phys. 84 (7), (1998) 3949-3953

[143] C. Manfredotti, F. Fizotti, M. Boero, P. Pastorino, P. Polesello, E. Vittone, Influence of hydrogen-bonding configurations on the physical properties of hydrogenated amorphous silicon, Phys. Rev. B, 50 (24), (1994) 18046-18053

[144] S. Guha, J. Yang, A. Banerjee, B. Yan, K. Lord, High quality amorphous silicon materials and cells grown with hydrogen dilution, Solar Energy Materials & Solar Cells 78 (2003) 329–347

[145] D. E. Carlson, The effects of impurities and temperature on amorphous silicon solar cells, Electron Devices Meeting, International (1977) 214-217

[146] B. Vet, M. Zeman, Relation between the open-circuit voltage and the band gap of absorber and buffer layers in a-Si:H solar cells, Thin Solid Films 516 (2008) 6873-6876

[147] C. Beneking, B. Rech, J. Fölsch, H. Wagner, Recent Developments in Amorphous Silicon-Based Solar Cells, Phys. stat. sol. (b) 194, 41 (1996) 41-53

[148] S. Guha, K. L. Narasimhan, and S. M. Pietruszko, On light-induced effect in amorphous hydrogenated silicon, J. Appl. Phys. 52(2), (1981) 859-860

[149] S. Guha, J. Yang, A. Banerjee, B. Yan, K. Lord, High quality amorphous silicon materials and cells grown with hydrogen dilution, Solar Energy Materials & Solar Cells 78 (2003) 329–347

[150] J. Koh, A. S. Ferlauto, P. I. Rovira, C. R. Wronski, and R. W. Collins, Evolutionary phase diagrams for plasma-enhanced chemical vapor deposition of silicon thin films from hydrogen-diluted silane, Appl. Phys. Lett. 75(15), (1999) 2286-2288

[151] S. Guha and J. Yang, D. L. Williamson, Y. Lubianiker and J. D. Cohen, A. H. Mahan, Structural, defect, and device behavior of hydrogenated amorphous Si near and above the onset of microcrystallinity, Appl. Phys. Lett. 74 (13), (1999) 1860-1862

[152] U. Kroll, J. Meier, A. Shah, S. Mikhailov, J. Weber, Hydrogen in amorphous and microcrystalline silicon films prepared by hydrogen dilution, J. Appl. Phys. 80 (9), (1996) 4971-4975

[153] X. Xu, J. Yang, S. Guha, Hydrogen dilution effects on a-Si:H and a-SiGe:H materials properties and solar cell performance, J. Non-Cryst. Solids 198-200 (1996) 60-64

[154] A. H. Mahan, R. Biswas, L. M. Gedvilas, D. L. Williamson, B. C. Pan, On the influence of short and medium range order on the material band gap in hydrogenated amorphous silicon, J. Appl. Phys. 96 (7 1), (2004) 3818-3826

[155] A. A. Howling, Ch. Hollenstein, and P.-J. Paris, Direct visual observation of powder dynamics in rf plasma-assisted deposition, Appl. Phys. Lett. 59 (12), (1991) 1409-1411

[156] A. Bouchoule, A. Plain, L. Boufendi, J. Ph. Blondeau, and C. Laure, Particle generation and behavior in a silane-argon low-pressure discharge under continuous or pulsed radio-frequency excitation, J. Appl. Phys. 70 (4), (1991) 1991-2000

[157] M. Stutzmann, W.B. Jackson, C.C. Tsai, Light-induced metastable defects in hydrogenated amorphous silicon: A systematic study, Phys. Rev. B 31 (1), (1985) 23-47

[158] J. Bailat, L. Fesquet, J.-B. Orhan, Y. Djeridane, B. Wolf, P. Madliger, J. Steinhauser, S. Benagli, D. Borrello, L. Castens, G. Monteduro, M. Marmelo, B. Dehbozorghi, E. Vallat-Sauvain, X. Multone, D. Romang, J.-F. Boucher, J. Meier, U. Kroll, M. Despeisse, G. Bugnon, C. Ballif, S. Marjanovic, G. Kohnke, N. Borrelli, K. Koch, J. Liu, R. Modavis, D. Thelen, S. Vallon, A. Zakharian, and D. Weidma, Recent developments of high-efficiency micromorph tandem solar cells in KAI-M PECVD reactors, 25th European Photovoltaic Solar Energy Conference and Exhibition / 5th World Conference on Photovoltaic Energy Conversion (2010) 2720 - 2723

[159] R. Schropp, R. Franken, A. Gordijn, R. J. Zambrano, H. Li, J. Löffler, J. Rath, R. Stolk, M. van Veen, K. van der Werf, Thin film silicon alloys with enhanced stability made by PECVD and HWCVD for multibandgap solar cells, 1371- 1376.

[160] A.H. Mahan, R.C. Reedy, E. Iwaniczko, Q. Wang, B.P. Nelson, Y. Xu, A.C. Gallagher, H.M. Branz, R.S. Crandall, J. Yang and S. Guha, High Quality Amorphous Silicon Germanium Alloy Solar Cells Made by Hot-Wire CVD at 10 Å/S, MRS Symp. Proc. 507 (1998) 119

[161] S. Guha, J. Yang, Scott J. Jones, Yan Chen, D. L. Williamson, Effect of microvoids on initial and light-degraded efficiencies of hydrogenated amorphous silicon alloy solar cells, Appl. Phys. Lett. 61 (12), (1992) 1444-1446

[162] H. Scher and R. Zallen, Critical Density in Percolation Processes, J. Chem. Phys., Vol. 53, (1970) 3759-3761

[163] R. Tsu, J. Gonzalez-Hernandez, S. S. Chao, S. C. Lee, and K. Tanaka, Critical volume fraction of crystallinity for conductivity percolation in phosphorus-doped Si:F:H alloys, Appl. Phys. Lett. 40(6) (1982) 534-535

[164] R. Flückiger, J. Meier, H. Keppner, M. Getz, A. Shah, Preparation of undoped and doped microcrystalline silicon (µc-Si:H) by VHF-GD for p-i-n solar cells, Photovoltaic Specialists Conference (1993) 839-844

[165] J.K. Rath, R.E.I. Schropp, Incorporation of p-type microcrystalline silicon films in amorphous silicon based solar cells in a superstrate structure, Solar Energy Materials and Solar Cells 53 (1998) 189-203

[166] K. Prasad, U. Kroll, F. Finger, A. Shah, J.-L. Dorier, A. Howling, J. Baumann, M. Schubert, Mat. Res. Soc. Symp. Proc. 219 (1991) 383

[167] J. Koh, H. Fujiwara, R. J. Koval, C. R. Wronski, and R. W. Collinsa, Real time spectroscopic ellipsometry studies of the nucleation and growth of p-type microcrystalline silicon films on amorphous silicon using B2H6, B(CH3)3 and BF3 dopant source gases, J. Appl. Phys. 85(8) (1999) 4141- 4153

[168] J.V. Sali, V.D. Panaskar, M.G. Takwale, B.R. Marathe, V.G. Bhide, Preparation of highly conductive p-type µc-Si:H window layer using lower concentration of hydrogen in the rf glow discharge plasma, Solar Energy Materials and Solar Cells 45 (1997) 413-421

[169] V.L. Dalal, J. Graves, and J. Leib, Influence of pressure and ion bombardment on the growth and properties of nanocrystalline silicon materials, Appl. Phys. Lett. 85, (2004) 1413

[170] A. Gordijn, L. Hodakova, J.K. Rath, R.E.I. Schropp, Influence on cell performance of bulk defect density in microcrystalline silicon grown by VHF PECVD, J. Non-Cryst. Solids 352 (2006) 1868-1871

[171] T. Roschek, T. Repmann, J. Müller, B. Rech, and H. Wagner, Comprehensive study of microcrystalline silicon solar cells deposited at high rate using 13.56 MHz plasma-enhanced chemical vapor deposition, J. Vac. Sci. Technol. A 20(2), (2002) 492-498

[172] M. Fukawa, S. Suzuki, L. Guo, M. Kondo, A. Matsuda, High rate growth of microcrystalline silicon using a high-pressure depletion method with VHF plasma, Solar Energy Materials & Solar Cells 66 (2001) 217-223

[173] U. Kroll, D. Fischer, J. Meier, L. Sansonnens, A. Howling and A. Shah, Fast Deposition of a-Si:H Layers and Solar Cells in a Large-Area (40 x 40 cm2) VHF-GD Reactor, Mater. Res. Soc. Symp. Proc. 557 (1999) 121.

[174] T. Zimmermann, C. Strobel, M. Albert, J. W. Bartha, W. Beyer, A. Gordijn, A.J. Flikweert and J. Kuske, Inline deposition of microcrystalline silicon solar cells using a linear plasma source, Phys. Status Solidi C 7, No. 3–4, (2010) 1097-1100

[175] M.A. Lieberman, J.P. Booth, P. Chabert, J.M. Rax und M.M. Turner, Standing wave and skin effects in large-area, high-frequency capacitive discharges, Plasma Sources Sci. Technol. 11 (2002) 283–293

[176] C. Strobel, T. Zimmermann, M. Albert, J. W. Bartha, J. Kuske, Productivity potential of an inline deposition system for amorphous and microcrystalline silicon solar cells, Solar Energy Materials & Solar Cells 93 (2009) 1598–1607

[177] R.E.I. Schropp, C.O. van Bommel, C.H.M. van der Werf, M. Brinza, G.A. van Swaaij, J.K. Rath, H.B.T. Li, J.W.A. Schüttauf, Feasibility of inline continous Hot-wire chemical vapor deposition for proto- and nanocrystalline p-i-n solar cells, In: Proceedings of: 24th European Photovoltaic Solar Energy Conference, (2009) 2328- 2331

[178] J. Löffler, M.C.R. Heijna, W.J. Soppe and B.B. Van Aken, Dynamically deposited thin-film silicon solar cells on imprinted foil using linear PECVD sources, 37th IEEE Photovoltaic Specialists Conference, (2011)

[179] A.J. Flikweert, T. Zimmermann, D. Weigand, W. Appenzeller, C. Strobel, B. Leszczynska, M. Albert, K. Dybek, J. Palme, K. Schade, J. Hartung, O. Steinke, F. Stahr, W. Beyer, A. Gordijn, High-rate dynamic VHF plasma deposition of a-Si:H and µc-Si:H thin-film solar cells, In: Proceedings of: 26th European Photovoltaic Solar Energy Conference and Exhibition, (2011) 2577- 2579

[180] W. Shockley and W.T. Read, Statistics of the recombinations of holes and electrons. Phys. Rev. 87(5), (1952) 835-842

[181] R.N. Hall, Electron-Hole Recombination in Germanium. Phys. Rev., 87 (1952) 387

[182] C.T. Sah and W. Shockley, Electron-Hole Recombination Statistics in Semiconductors through Flaws with Many Charge Conditions. Phys. Rev.,109(4), (1958) 1103-1115.

[183] B. E. Pieters, J. Krc, M. Zeman, Advanced numerical simulation tool for solar cells - ASA5, Conference Record of the 2006 IEEE 4th World Conference on Photovoltaic Energy Conversion, (2006) 1513-1516

[184] H.K. Gummel, A Self-Consistent Iterative Scheme for One-Dimensional Steady State Transistor Calculations. IEEE Trans. on ED, Vol. ED-11, (1964) 455-465.

[185] G. Munyeme, Experimental and Computer Modelling Studies of Metastability of Amorphous Silicon Based Solar Cells, Proefschrift Universiteit Utrecht (2003)

[186] J.A. Willemen, Modelling of amorphous silicon single- and multi-junction solar cells, Proefschrift Technische Universiteit Delft (1998)

[187] A.M.K. Dagamseh, B.Vet, P. Sutta, M.Zeman, Modelling and optimization of a-Si:H solar cells with ZnO:Al back reflector, Solar Energy Materials & Solar Cells 94 (2010) 2119-2123

[188] F. A. Rubinelli, J. K. Arch, and S. J. Fonash, Effect of contact barrier heights on a-Si:H p-i-n detector and solar-cell performance, J. Appl. Phys. 72 (4), (1992) 1621-1630

[189] P. Roca I Cabarrocas, Z. Djebbour, J. P. Kleider, C. Longeaud, D. Mencaraglia, J. Sib, Y. Bouizem, M. L. Thkye, G. Sardin and J. P. Stoquert, Hydrogen, microstructure and defect density in hydrogenated amorphous silicon, J. Phys. I France 2 (1992) 1979-1998

[190] Debajyoti Das, S.M. Iftiquar, A.K. Barua, Wide optical-gap a-SiO:H films prepared by rf glow discharge, Journal of Non-Crystalline Solids 210 (1997) 148-154

[191] R.E.I. Schropp, J.W.A. Schüttauf, C.H.M. van der Werf, W. Arnoldbik, Oxygenated protocrystalline silicon thin films for wide bandgap solar cells with temperature-insensitive cell performance, In: Proceedings of 23rd European Photovoltaic Solar Energy Conference, (2008) 2109-2112

[192] A. H. Mahan, J. Carapella, B. P. Nelson, and R. S. Crandall, I. Balberg, Deposition of device quality, low H content amorphous silicon, J. Appl. Phys. 69 (9), (1991) 6728-6730

[193] J. Robertson, Deposition mechanism of hydrogenated amorphous silicon, J. Appl. Phys., Vol. 87, No. 5, 1 (2000) 2608-2617

[194] K. Zweibel, Issues in thin film PV manufacturing cost reduction, Solar Energy Materials & Solar Cells 59 (1999) 1-18

[195] A. Jäger-Waldau, angeführt auf der Solarpeq, August 2010, http://www.solarpeq.de/cgi-bin/md_solarpeq/custom/pub/content.cgi?lang=1&oid=8127&ticket=g_u_e_s_t&ca_page=de%2Fmehr_cis_im_solarkonzert.php%3FPage%3D2 (Abrufdatum 17.11.2011)

[196] Samuel C. Wood, Cost and Cycle Time Performance of Fabs Based on Integrated Single-Wafer Processing, IEEE Transactions on semiconductor manufacturing 10(1), (1997), 98-111

[197] C. J. Mogab, A. C. Adams, and D. L. Flamm, Plasma etching of Si and SiO2-The effect of oxygen additions to CF4 plasmas, J. Appl. Phys. 49(7), (1978) 3796-3803

[198] G. Bruno, P. Capezzuto, G. Cicala, and P. Manodoro, Study of the NF3 plasma cleaning of reactors for amorphous silicon deposition, J. Vac. Sci. Technol. A 12(3), (1994) 690-698

[199] R. d'Agostino, D. Flamm, Plasma etching of Si and SiO2 in SF6-O2 mixtures, J. Appl. Phys. 52(1), (1981) 162-167

[200] B. Leszczynska, C. Strobel, M. Albert, J. W. Bartha and U. Stephan, J. Kuske, Influence of excitation frequencies (81.36 - 120MHz) in the VHF-PECVD technique on the deposition rate and properties of silicon thin-film solar cells, In: Proceedings of 26th European Photovoltaic Solar Energy Conference and Exhibition, (2011) 2492-2494

[201] A. Gordijn, K. Bittkau, E. Bunte, C. Haase, J. Hüpkes, J. Kirchhoff, S. Schicho, M. Schulte, H. Zhu, Light trapping for very thin a-Si:H/μc-Si:H solar cells, In: Proceedings of 25th European Photovoltaic Solar Energy Conference and Exhibition / 5th World Conference on Photovoltaic Energy Conversion, (2010) 2798-2801

[202] C. Strobel, C. Schimke, T. Zimmermann, M. Albert, J. W. Bartha, J. Kuske, Amorphous and microcrystalline silicon p-i-n solar cells on flexible polymer substrates deposited by an inline VHF-PECVD deposition system, In: Proceedings of 24th European Photovoltaic Solar Energy Conference, (2009) 2653-2659

[203] M. Konagai, Present Status and Future Prospects of Silicon Thin-Film Solar Cells, Jpn. J. Appl. Phys. 50 (2011) 030001-1

[204] M. Vanecek, A. Poruba, Z. Remes, J. Holovsky, A. Purkrt, O. Babchenko, K. Hruska, J. Meier, U. Kroll, Five roads towards increased optical absorption and high stable efficiency for thin film silicon solar cells, In: Proceedings of 24th European Photovoltaic Solar Energy Conference, (2009) 2286- 2289

[205] B. Yan, G. Yue, L. Sivec, J. Yang, S. Guha, and C.-S. Jiang, Innovative dual function nc-SiOx:H layer leading to a >16% efficient multi-junction thin-film silicon solar cell, Appl. Phys. Lett. 99, (2011) 113512-113515

V Veröffentlichungen

C. Strobel, B. Leszczynska, M. Albert, J.W. Bartha, T. Zimmermann, J. Kuske, Dynamic High Rate Deposition of Microcrystalline Silicon with Very High Excitation Frequencies (80-150MHz) Using Linear Plasma Sources, In: Proceedings of 26th European Photovoltaic Solar Energy Conference and Exhibition, (2011) 2499-2501

B. Leszczynska, C. Strobel, M. Albert, J. W. Bartha and U. Stephan, J. Kuske, Influence of excitation frequencies (81.36 - 120MHz) in the VHF-PECVD technique on the deposition rate and properties of silicon thin-film solar cells, In: Proceedings of 26th European Photovoltaic Solar Energy Conference and Exhibition, (2011) 2492-2494

A.J. Flikweert, T. Zimmermann, D. Weigand, W. Appenzeller, C. Strobel, B. Leszczynska, M. Albert, K. Dybek, J. Palme, K. Schade, J. Hartung, O. Steinke, F. Stahr, W. Beyer, A. Gordijn, High-rate dynamic VHF plasma deposition of a-Si:H and µc-Si:H thin-film solar cells, In: Proceedings of: 26th European Photovoltaic Solar Energy Conference and Exhibition, (2011) 2577-2579

T. Zimmermann, C. Strobel, M. Albert, J. W. Bartha, W. Beyer, A. Gordijn, A.J. Flikweert and J. Kuske, Inline deposition of microcrystalline silicon solar cells using a linear plasma source, Phys. Status Solidi C 7, No. 3–4, (2010) 1097-1100

C. Strobel, B. Leszczynska, T. Zimmermann, M. Albert, J. W. Bartha, J. Kuske, Dynamic VHF-PECVD concept tool with linear plasma sources for silicon based thin film solar cells, in: Proceedings of the 25th European Photovoltaic Solar Energy Conference, (2010) 2716-2719

C. Strobel, T. Zimmermann, B. Leszczynska, J. Kuske, M. Albert, J.W. Bartha, Beschichtung von flexiblen Substraten mit a-Silizium pin-Solarzellen mittels einer VHF-PECVD-Durchlaufanlage, Abschlussbericht zum Forschungsvorhaben BMU 0329563E (2010)

T. Zimmermann, A.J. Flikweert, D. Weigand, W. Appenzeller, W. Beyer, A. Gordijn, C. Strobel, M. Albert, K. Dybek, J. Palme, K. Schade, J. Hartung, O. Steinke and F. Stahr, Inline dynamic deposition of a-Si:H and µc-Si:H thin-film solar cells, Proceedings of 25th EU PVSEC, Valencia, Spain (2010) 2983-2986

V Veröffentlichungen

C. Strobel, T. Zimmermann, M. Albert, J. W. Bartha, J. Kuske, Productivity potential of an inline deposition system for amorphous and microcrystalline silicon solar cells, Solar Energy Materials & Solar Cells 93 (2009) 1598-1607

C. Strobel, C. Schimke, T. Zimmermann, M. Albert, J. W. Bartha, J. Kuske, Amorphous and microcrystalline silicon p-i-n solar cells on flexible polymer substrates deposited by an inline VHF-PECVD deposition system, In: Proceedings of 24th European Photovoltaic Solar Energy Conference, (2009) 2653-2659

C. Strobel, T. Zimmermann, M. Albert, J. W. Bartha, W. Beyer, J. Kuske, Dynamic High-Rate-Deposition of Silicon Thin Film Layers for Photovoltaic Devices, 23rd European Photovoltaic Solar Energy Conference, (2008) 2497-2504

Albert, M.; Strobel, C.; Kuske, J.; Bartha, J.W., High rate deposition of amorphous silicon thin film solar cells (120 nm/min) with a VHF-PECVD inline deposition system. In: 23rd European Photovoltaic Solar Energy Conference, (2008)

C. Strobel, T. Zimmermann, M. Albert, J. W. Bartha, W. Beyer and J. Kuske, Investigation on layer properties of amorphous and microcrystalline silicon deposited with moving substrates in combination with a VHF linear plasma source designed for the fabrication of large area devices, Proceedings of the 22nd European Photovoltaic Solar Energy Conference, Milan (2007) 2062-2068.

C. Strobel, M. Albert, J. W. Bartha and J. Kuske, VHF linear plasma source for large area deposition of amorphous and microcrystalline silicon solar cells, Proceedings of the 21st European Photovoltaic Solar Energy Conference, Dresden (2006) 1603-1606.

VI Lebenslauf

Name: Carsten Strobel
Geburt: 13.03.1981, Dresden

1987 - 1991   Polytechnische Oberschule Halle (Saale)
1991 - 1999   Thomas-Müntzer-Gymnasium Halle (Saale) Abschluss: Abitur mit "Gut" (1,6)
1999 - 2000   Grundwehrdienst Bundeswehr im LeFlaRak Btl. Fuldatal-Rothwesten
08 -09 2000   Technisches Grundpraktikum bei Fa. SONOTEC Ultraschallsensorik Halle GmbH
2000 - 2005   Studium Wirtschaftsingenieurwesen an der TU-Dresden Abschluss: Diplom mit "Sehr gut" (1,4) Diplomarbeit: "Entwicklung der mikrokristallinen Teil-Zelle einer Silizium-Dünnschicht-Tandemzelle an einer PECVD-Linienquelle/ Durchlaufanlage."
08 -12 2004   Kaufmännisches Praktikum bei der DaimlerChrysler AG in Stuttgart Untertürkheim, Bereich: Strategie und Benchmarking
01 -03 2005   Technisches Praktikum bei der Zentrum Mikroelektronik Dresden (ZMD) AG, Bereich: CVD und Hochtemperaturprozesse
2005 -   Doktorand am Institut für Halbleiter- und Mikrosystemtechnik der TU-Dresden "Dynamische plasmaunterstützte Gasphasenabscheidung von amorphen und mikrokristallinen Silizium-Dünnschichtsolarzellen mittels linearer Höchstfrequenz-Plasmaquellen"

VI Lebenslauf

VII Danksagung

An dieser Stelle bedanke ich mich recht herzlich bei allen beteiligten Personen, die mich bei dieser Arbeit unterstützt haben.

Mein besonderer Dank gilt Prof. Dr. rer. nat. J.W. Bartha für die Übernahme des Gutachtens und für die Begleitung der Arbeit.

Dr. Matthias Albert danke ich für die sehr gute organisatorische und fachliche Unterstützung während meiner Doktorarbeit. Ohne sein großes Engagement bei der Projektaquise und Ausrüstungsbeschaffung wäre diese Arbeit nicht möglich gewesen. Die fachlichen Diskussionen mit Ihm waren stets sehr förderlich für den weiteren Fortgang der Versuche.

Bei allen weiteren Mitarbeitern des Instituts für Halbleiter- und Mikrosystemtechnik möchte ich mich für die Unterstützung bei meiner Arbeit bedanken. Insbesondere Egbert Hiemann gilt großer Dank für das Zuschneiden unzähliger Glassubstrate. Bei unserer Chemieabteilung (Dr. Künzelmann, Dr. Neumann, Frau Waurenschk) bedanke ich mich für die regelmäßige Unterstützung bei der Substratreinigung und Chemikalienbereitstellung. Ulrich Merkel und Eckehard Kellner danke ich für die vakuumtechnische Unterstützung bei der Bedampfung von Solarzellen an der B30. Bei Frau Dr. Bertram bedanke ich mich recht herzlich für die hochauflösenden REM-Aufnahmen insbesondere von texturierten TCO-Substratoberflächen.

Großer Dank gilt allen Mitarbeitern der FAP GmbH für den technischen Support an der VHF-Durchlaufanlage. Dr. Jürgen Kuske danke ich für die stets freundliche Unterstützung bei der Arbeit in der FAP. Für die Bereitstellung von Messplatzkomponenten zur temperaturabhängigen Dunkelleitfähigkeitsmessung danke ich vor allem Dr. Frank Stahr. Insbesondere auch Thomas Richter war mir ein wichtiger Helfer bei zahlreichen baulichen Maßnahmen an der VHF-Durchlaufanlage.

Ebenfalls großer Dank gilt den Kollegen des Forschungszentrums Jülich, die mich bei meiner Arbeit unterstützt haben. Insbesondere zu nennen sind dabei Prof. Dr. Helmut Stiebig (ehemaliger Gruppenleiter für den Bereich solare Bauelementanalyse und Sensorik), Dr. Aad Gordijn (Gruppenleiter Prozesstechnologie), Christoph Zahren (Solarzellencharakterisierung) sowie Thomas Zimmermann (Doktorand am Forschungszentrum Jülich seit 2009).

VII Danksagung

Bei Sandra Völkel bedanke ich mich recht herzlich für die Übernahme zahlreicher Abscheidungsexperimente und messtechnischer Auswertungen von Proben.

Barbara Leszczynska und Sebastian Leszczynski gilt mein besonderer Dank für die Programmierung einer graphischen Oberfläche für das Simulationsprogramm ASA. Die sehr gute Zusammenarbeit mit Frau Leszczynska hat viel zum Erfolg dieser Arbeit beigetragen.

Zuletzt danke ich auch allen Diplomanden und Studienarbeitern, die mich bei meiner Arbeit unterstützt haben. Hervorzuheben ist dabei Thomas Zimmermann, der durch sein großes Engagement maßgeblichen Anteil am Erfolg des Projekts Linienquelle hatte.

book-on-demand ... Die Chance für neue Autoren!

Besuchen Sie uns im Internet unter www.book-on-demand.de
und unter www.facebook.com/bookondemand